水利水电建筑工程高水平专业群工作手册式系列

BIM+水利工程项目管理实训

主　编　关莉莉　张亚坤　赵海滨

中国水利水电出版社
www.waterpub.com.cn
·北京·

内 容 提 要

本教材以实际工程为项目案例驱动实训教学，以采用BIM技术完成实际水利工程项目为实训目标，将BIM技术理念与水利工程项目管理有机融合，全面展示水闸枢纽建筑物的地形建模、建筑物建模、场地布置模拟、施工进度模拟等过程，充分体现BIM技术在水利工程全生命周期的应用，让学生有一种“课程中体验工作过程，工程实践中体验项目管理”的感觉。

本教材是水利水电建筑工程专业群学生职业岗位能力课程，是精湛技能证书课程，可作为高职院校成人高校“水利工程”“水利水电建筑工程”等水利大类专业的通用实训教材和教学参考书。

图书在版编目（CIP）数据

BIM+水利工程项目管理实训 / 关莉莉, 张亚坤, 赵海滨主编. -- 北京 : 中国水利水电出版社, 2022.5
水利水电建筑工程高水平专业群工作手册式系列教材
ISBN 978-7-5226-0850-1

Ⅰ. ①B… Ⅱ. ①关… ②张… ③赵… Ⅲ. ①水利工程－工程施工－施工管理－高等职业教育－教材 Ⅳ. ①TV512

中国版本图书馆CIP数据核字(2022)第125842号

	水利水电建筑工程高水平专业群工作手册式系列教材
书　　名	**BIM+水利工程项目管理实训** BIM+ SHUILI GONGCHENG XIANGMU GUANLI SHIXUN
作　　者	主编　关莉莉　张亚坤　赵海滨
出版发行	中国水利水电出版社 （北京市海淀区玉渊潭南路1号D座　100038） 网址：www.waterpub.com.cn E-mail：sales@mwr.gov.cn 电话：(010) 68545888（营销中心）
经　　售	北京科水图书销售有限公司 电话：(010) 68545874、63202643 全国各地新华书店和相关出版物销售网点
排　　版	中国水利水电出版社微机排版中心
印　　刷	天津嘉恒印务有限公司
规　　格	184mm×260mm　16开本　10印张　244千字
版　　次	2022年5月第1版　2022年5月第1次印刷
印　　数	0001—2000册
定　　价	**40.00**元

前 言

本教材是贯彻落实《国家职业教育改革实施方案》（国发〔2019〕4号）、《国家中长期教育改革和发展规划纲要（2010—2020年）》、《国务院关于加快发展现代职业教育的决定》（国发〔2014〕19号）和《水利部教育部关于进一步推进水利职业教育改革发展的意见》（水人事〔2013〕121号）等文件精神，而编写的工作手册式系列教材。

在教材的编写过程中，编者先后走访多家水利工程设计、施工、咨询管理、监理、造价等企业，广泛征求水利水电建设一线企业的意见和建议，瞄准水利企业在工程实践中的“痛点”，以水利工程中的典型水工建筑物——水闸为例，对水闸设计、施工管理中所需要的知识、原理以及BIM技能进行准确定位，并据此编写本教材。

本教材力求突出职业能力的养成，将知识、原理、技能与计算机技术进行高度融合，做到“教·学·练·做”一体。以真实工程项目案例为载体，以成果为导向，用任务来驱动，采用项目化教学的组织方式，展示水利行业规范、BIM技术应用技巧，从而实现了BIM＋水利工程项目管理的应用。

本教材由关莉莉、张亚坤、赵海滨任主编，李瑞、张东锋、赵艺任副主编，梁建林、闫国新、张圣敏、郭振宇任主审。工作任务一的任务情景一由开封市水利规划服务中心赵艺编写，工作任务一的任务情景二由黄河水利职业技术学院张东锋编写，工作任务二的任务情景一由黄河水利职业技术学院李瑞编写，工作任务二的任务情景二、任务情景三和工作须知由黄河水利职业技术学院关莉莉编写，工作任务三的任务情景一由黄河水利职业技术学院张亚坤编写，工作任务三的任务情景二和附录由黄河水利职业技术学院赵海滨编写。本教材在编写过程中得到了中交二航局第四工程有限公司王佳宇、华北水利水电大学于浩、任开宇、范志豪，黄河水利职业技术学院贺少杰、孙羡博、雷小屹、朱振豪、闫其森、杨琪琪、李硕、张懿、陈登朝、李运乾等帮助。

本教材在编写过程中，得到了各院校专家、教授的支持、帮助，同时，参考了知名专家的文献、著作、教材，对提供帮助的同仁及参考资料、著作、教材的作者，在此一并致以诚挚的谢意！

本教材获水利水电建筑工程高水平专业群工作手册式教材项目、河南省高等职业学校青年骨干教师培养计划："双高"背景下水工专业（群）BIM课程建设应用研究（2020 GZGG059）、黄河水利职业技术学院2021年教学改革研究与实践项目（2019-HJGYB-023）等资助。另外，由于编者水平有限，编写时间仓促，书中难免会有错误和不足之处，恳请广大师生和专家、读者批评指正。

全体编者

2022年盛夏

目　录

前言

工作须知

一、课程性质

《BIM＋水利工程项目管理实训》是水利水电建筑工程专业及专业群的岗位能力课程。课程引入《水闸设计规范》(SL 265—2016)、《水利水电工程等级划分及洪水标准》(SL 252—2017)、《水工建筑物荷载设计规范》(SL 744—2016)、《水利水电工程施工组织设计规范》(SL 303—2017)、《建筑工程信息模型应用统一标准》(GB/T 51212—2016)、《建筑信息模型施工应用标准》(GB/T 51235—2017) 等规范和标准。

"BIM＋水利工程项目管理实训"课程取材于实际工程设计实例，介绍利用 BIM 技术解决实际工程问题的方法和步骤，将 BIM 理念贯穿任务实施的全过程，通过模块化教学设计，采用任务驱动方法，使学生学会运用 BIM 技术进行水闸三维模型搭建、水闸施工进度模拟和场地布置优化，掌握运用 BIM 技术准确绘制项目 BIM 模型的基本流程、步骤和方法，为今后从事建模信息模型设计、水闸设计、施工组织管理奠定基础，从而实现技能训练的教学过程与生产过程对接，技能训练的教学内容与职业标准对接。

二、课程目标

通过本课程的学习，可使学生具备运用 BIM 技术从事中小型水利工程设计与施工、工程项目管理等所必需的信息化建模专业知识、水利 BIM 技术综合应用技能及相关的职业能力，培养学生在项目的设计、施工、运营维护、改造和拆除各阶段，完成对工程物理特征和功能特性信息的数字化承载、可视化表达和信息化管控等工作岗位任务，加快与建筑信息模型 (BIM) 技术员系列岗位的衔接，提高学生的职业素质。

三、工作项目

(1) 根据工程案例进行水闸设计。

(2) 创建三维数字化模型。

(3) 水闸场地布置及后期处理。

(4) 水闸施工进度模拟。

四、组织形式

本教材采用新形态工作手册式，以培养学生的应用能力为主线，本着"穿插思政教育、内容难度适宜、增加实践操作、突出创新应用"的原则，为专业课的学习打好基础的同时，着重培养学生的水利信息化技术应用能力。

（1）本教材为工作手册式教材，采用情景化设计，每个情景以“项目化”引领实训内容，每个项目以实际工作任务为驱动展开，增强学生的学习兴趣，提升知识的实用性。

（2）融合实训设计、笔记、练习于一体，体现实训内容的各个环节，以知识点的形式展开，引导学生主动思考和探索问题。

（3）突出实践创新应用。强调实践与理论并重，每个情景都配备技能训练，详细介绍了技能训练的方法和步骤，并与理论知识相辅相成，进一步加深学习者对理论知识的理解，提高实践操作技能。

（4）专业课体现思政教育。每个情景都设置了思政目标，设计意图是引导和启发学生思考。也可根据实训内容就地取材，实现“春风化雨、润物无声”。

（5）每个情景均有软件操作能力的提高，有利于增强信息建模技能和解决实际问题能力，为学生考取全国 BIM 技能等级考试证书打下基础。

五、进程安排

本项目实训时间共计 4 周，具体安排见表 0－1。

表 0－1　　实训进程安排

序号	设计内容	时间/周
1	工程资料收集、整理分析	1
2	枢纽建筑物地形建模	
3	枢纽建筑物信息模型创建	1
4	场地布置模拟	1
5	施工进度模拟	
6	BIM 模型成果出图、漫游展示	1
7	汇编资料、汇报成果	
合计		4

六、成果要求

1. 成果内容

（1）根据水文规划资料及工程设计要求，验算水闸过流能力。

（2）依据工程布置初设成果，进行地形建模；应用 BIM 技术搭建水闸三维工程模型，优化工程结构设计。

（3）结合工程场地地形、地貌及施工条件，应用 BIM 施工场地布置软件完成水闸施工场地内外交通、临时设施、临时机械布置，优化布置方案。

（4）根据工程工期要求，结合工程施工条件，应用 BIM 技术模拟水闸施工进度安排，优化施工进度方案。

2. 成果要求

（1）三维工程模型。应用 Revit、Civil 3D、Lumion 等 BIM 软件完成水闸结构与地形三维模型。

（2）工程场地布置及水闸施工进度模拟。应用 BIM 技术进行施工现场布置，模拟水闸施工进度及工程场地布置，通过建造、活动、拆卸等组合对水闸施工过程进行模拟，实现 3D 场地漫游效果。

工作任务一　BIM 技术在地形建模中的应用

任务情景一　项　目　概　述

（一）工程概况

杜公河朱曲节制闸位于尉氏县朱曲镇朱曲村东杜公河上，桩号 9＋666 处，是以灌溉为主的节制闸。

杜公河全长 24.0km，控制流域面积 144.64km^2，是康沟河的一条主要支流，也是尉氏县境内一条主要排水河道。杜公河起源于尉氏县洧川镇西三赵村，流经前宫东，小黑河、小清河先后汇入。流域内耕地面积 12.86 万亩，流域人口 9.29 万人，其中农业人口 9.19 万人。拦蓄水量 15 万 m^3，设计灌溉面积 1.9 万亩。

（二）水文气象

1. 径流

流域位于豫东平原，地势平坦。河道洪水由暴雨形成，主要接收农田排水，洪水过程历时长于相应暴雨历时。由于朱曲节制闸控制流域范围内无实测径流资料，经查《河南省水资源》（2007 年 8 月编制），得该地区多年平均径流深为 $R=65$mm，多年平均径流量为 $W=940$ 万 m^3。

2. 气象

杜公河流域属温带大陆性季风气候，四季分明，雨量适中，光照充足。降水主要受季风气候的影响，每年 10 月至次年 4 月，年平均气温为 14℃，1 月最低平均气温为 0.7℃，其中极端最低气温为－19.1℃，7 月最高平均气温为 27.4℃，其中极端最高气温 43.4℃。流域内多年平均降水量为 659mm，夏秋季节降水较多，6 月、7 月、8 月、9 月四个月，降水量占全年降水量的 70%左右；降水量年际变化也很大，最大年降水量达 1014.9mm，最小年降水量仅 300.8mm，最大年降水量为最小年降水量的 3.37 倍。

3. 泥沙

由多年平均悬移质计算公式计算得出的多年平均输沙量是 1.2 万 m^3。

（三）批准规划成果

本次设计采用 5 年一遇治涝流量为 50.84m^3/s，20 年一遇防洪流量为 84.26m^3/s，见表 1－1。

施工期计划安排在非汛期，即当年的 10 月至次年的 5 月，确定本次施工期设计排涝标准为非汛期 5 年一遇，流量为 1.9m^3/s，见表 1－2。

表 1-1　　节制闸设计流量表

项目名称	流域面积/km^2	3 年一遇/(m^3/s)	5 年一遇/(m^3/s)	10 年一遇/(m^3/s)	20 年一遇/(m^3/s)
节制闸	144.64	43	50.84	76	84.26

表 1-2　　施工期设计流量成果表

控制站	流域面积/km^2	设计排涝标准	流量 Q/(m^3/s)
节制闸	144.64	非汛期 5 年一遇	1.9

全年实行实时调度，闸门进行动态启闭。在不发生洪水时，闸门关闭或部分开启，保持闸上水位在正常蓄水位 66.900m 运行；当发生洪水时，闸门逐步打开至全部开启，洪水自由宣泄。闸门部分开启时开启顺序如下：

(1) 先开启中间一孔闸，然后两侧对称开启。

(2) 单孔开启高度最小不小于 0.5m，最大不超过 1m。

(3) 关闭的顺序与开启顺序相反。

(四) 工程总体布置

杜公河朱曲节制闸结构形式为开敞式水闸，工程位置位于桩号 9+666 处，朱曲节制闸闸底板高程取 64.750m，总长 85m，由上游连接段、闸室段、下游连接段组成。工程总体布置如下。

1. 闸室

顺水流方向闸孔长 12m，底板厚 1.0m。分 5 孔，每孔净宽 3m，闸孔总净宽 15m，中墩厚 1.0m，边墩厚 0.7m。闸墩顶部高程 68.860m，闸墩上部设置排架，排架高度 3.5m，排架上设置工作桥和砖混结构启闭机房，闸室两岸设置砖混结构桥头堡。交通桥布置在闸室下游侧，桥面净宽 4.5m，总宽 5.1m。检修便桥布置在闸室工作桥上游侧，总宽 1.4m，净宽 0.8m，钢筋混凝土板式结构。

2. 防渗布置

渗透稳定计算最不利的情况为闸前蓄水位达到正常蓄水位 66.900m，下游无水，最大水头差 2.15m。该闸防渗包括上游混凝土铺盖、闸室底板两部分，其中闸室底板长 12.0m，铺盖长 10.0m，防渗布置长度 22.0m。

3. 消能与防冲布置

消能防冲设施有消力池、海漫、下游抛石防冲槽。根据水力计算成果，闸室下游设置 1.0m 长的出流平台，其后接消能防冲设施，消力池选用挖深式消力池，消力池长 12.0m，池深 0.5m，以 1∶5 的斜坡与底板连接，斜坡段长 2.5m。按抗冲要求，护坦厚度 0.5m，其下铺设 0.1m 厚的粗砂垫层及 350kg/m^2 的土工布。

消力池末端布置海漫，长 20m，前 5m 采用平坡段，后 15m 采用 1∶50 的斜坡段。海漫均采用 0.5m 厚的格宾石笼结构，下部铺设 0.1m 厚的碎石垫层。

海漫末端布置防冲槽，防冲槽为梯形断面，底宽 2m，深 0.73m，上、下游边坡均为 1∶3。

4. 上、下游连接段

上游连接段采用反翼墙，C20 混凝土重力式挡土墙结构，其水平投影长度与铺盖同长（10m）。闸室下游设置混凝土结构的导墙和圆弧翼墙，水平投影长度 22m。

上游铺盖前段设置长 10m 的护坡段，边坡、底板均采用 C20 混凝土护砌，厚度 0.3m。

在防冲槽下游设置长 12m 的格宾石笼护坡段，厚度均为 0.5m，底坡坡度为 1∶50，梯形断面，边坡坡度为 1∶3，底宽由 19m 逐渐收缩到 14m，与下游河道底宽相同。

5. 桥头堡

在工作桥的两端各设置一座桥头堡，平面尺寸为 3.3m×5.0m。

6. 启闭机室

工作桥上布置启闭机室，宽 3.5m。节制闸上所有的栏杆均采用高 1.0m 的仿木栏杆。

（五）土体物理力学指标建议值

根据场区各土体单元的地质特征，经综合分析，对比室内试验和现场原位测试成果，考虑到工程建成运行后场区地基土体的水文工程地质条件可能发生变化等因素，按照有关规范、规程，经工程地质类比，对有关数据进行了修正，提出各土体单元的物理力学指标建议值，见表 1-3。

表 1-3　节制闸地基土层主要物理力学指标建议值

土体单元	天然干密度 ρ_d/(g/cm^3)	天然含水量 w/%	重度 γ/(kN/m^3)	比重 G_s	压缩		饱和快剪		地基承载力基本容许值 f_{ao}/kPa
					压缩系数 a/MPa^{-1}	压缩模量 E_s/MPa	凝聚力 c/kPa	内摩擦角 Φ/(°)	
①轻粉质壤土	1.57	18.9	17.3	2.70	0.24	8.00	7.4	23.0	110
②中粉质壤土	1.61	22.0	19.8	2.71	0.25	7.31	11.3	10.1	120
②-1 重粉质壤土	1.51	26.3	19.3	2.74	0.39	4.73	14.3	11.1	110
③轻粉质壤土	1.61	22.9	19.9	2.71	0.22	8.20	9.3	16.7	120
③-1 轻粉质砂壤土	1.64	22.8	20.2	2.69	0.17	9.73			130
④细砂									160

注　闸基础与地基土间摩擦系数建议值取 0.30。

（六）天然建筑材料

朱曲节制闸两岸分布轻粉质壤土厚度 3～9m，料源比较充足，各项指标基本符合《水利水电工程天然建筑材料勘察规程》（SL 251—2015）。质量要求，可作为合格土料使用。

场区附近无合格天然砂砾料，采用信阳明港地区出产的粗砂，距本场区约 300km。块石料可选自千尺山石料场，距本场区约 150km。

任务情景二　地　形　建　模

（一）工作任务

地形是水闸的载体，承载水闸全部自重及其上部的所有荷载。朱曲节制闸的地形建模是完成节制闸 BIM 模型及其施工项目管理的第一步。根据朱曲节制闸所处的地形图，采用 BIM 技术完成地形建模。

（二）工作目标

该任务情景工作目标有知识目标、技能目标和思政目标，详见表 1－4。

表 1－4　　地形建模工作目标

任务情景二　地形建模	
知识目标	培养学生识读地形图的能力，掌握 CAD、Civil 3D、Revit 等软件绘制地形模型方法与步骤
技能目标	具有应用 CAD、Civil 3D、Revit 等软件正确绘制地形模型的能力
思政目标	主动学习、团队协作、作图规范、实践精神

（三）任务分组

按照表 1－5 填写任务分组名单。

表 1－5　　学生任务分组表

组号		班级		指导老师	
组长		学号			
组员					
任务分工					

（四）引导问题

（1）什么是地形图？

（2）地形图包括哪些要素？

（3）创建地形模型的方法与步骤是什么？

（五）工作计划

（1）识读节制闸所处地形形状。

（2）节制闸地形建模。

（六）工作实施

1. 采用Civil 3D和Revit软件创建三维地形模型

（1）将地形平面图导入Civil 3D。运行Civil 3D软件，从打开界面找到地形平面图（见附录），将地形图打开，如图1-1所示。

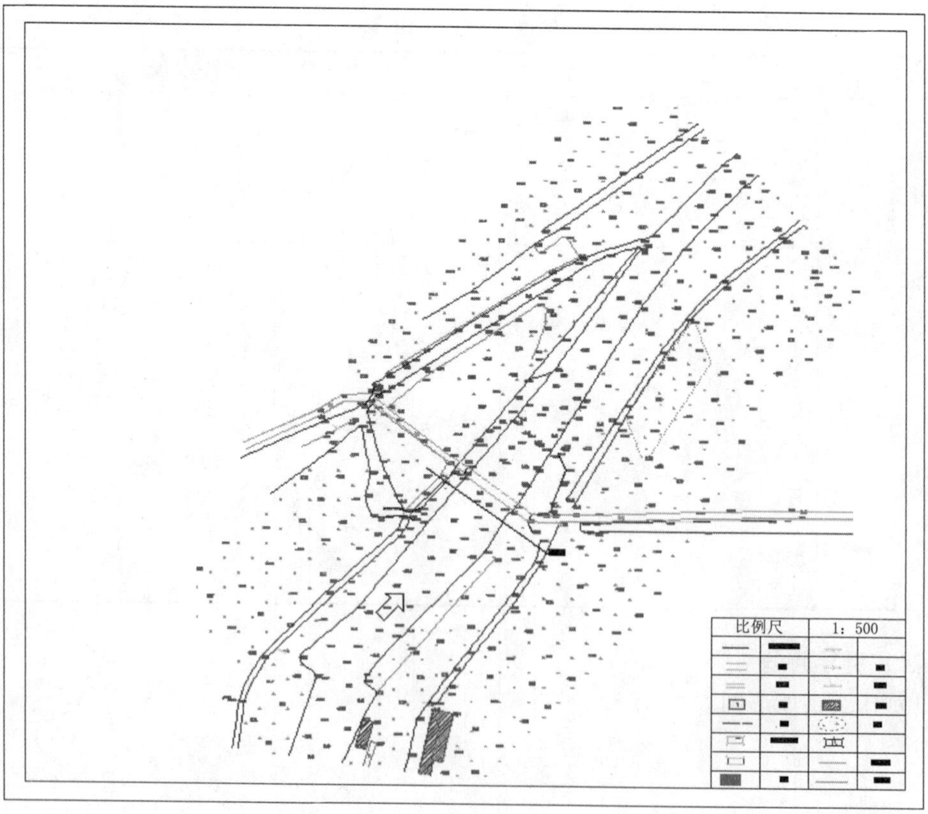

图1-1　导入地形图

（2）编辑高程点。选中任意一个高程点，右键单击“选择类似对象（S）”，如图 1-2 所示，将高程点全部选中，用“Ctrl＋C”命令复制高程点，在 Civil 3D 中新建一个图形，用“Ctrl＋V”命令粘贴高程点，如图 1-3 所示。

（3）创建曲面。打开“工具空间”选项，右键单击“曲面”，选择“创建曲面…”，完成曲面创建，如图 1-4 所示。

（4）创建块。在曲面选项中，右键单击“图形对象”命令，点击“添加”；在“从图形对象添加点”对话框中，选择“块”，点击“确定”。进入绘图区，全选所有高程点，点击“确定”，如图 1-5、图 1-6 所示。

（5）三维显示。点击完成的“块”，右键选择“对象查看器”，进入三维实体界面，如图 1-7 所示。

（6）导入 Revit 软件。选择“曲面”选项的“编辑曲面样式”命令，进入“曲面样式”对话框，打开“三角形”和“边界”选项，其余关闭，如图 1-8、图 1-9 所示。

图 1-2　选中任意高程点

先保存文件，然后导出 Civil 3D 文件，在导出对话框中，选择“Model”选项，点击“导出”，完成文件导出，如图 1-10、图 1-11 所示。

图 1-3　导入所有高程点

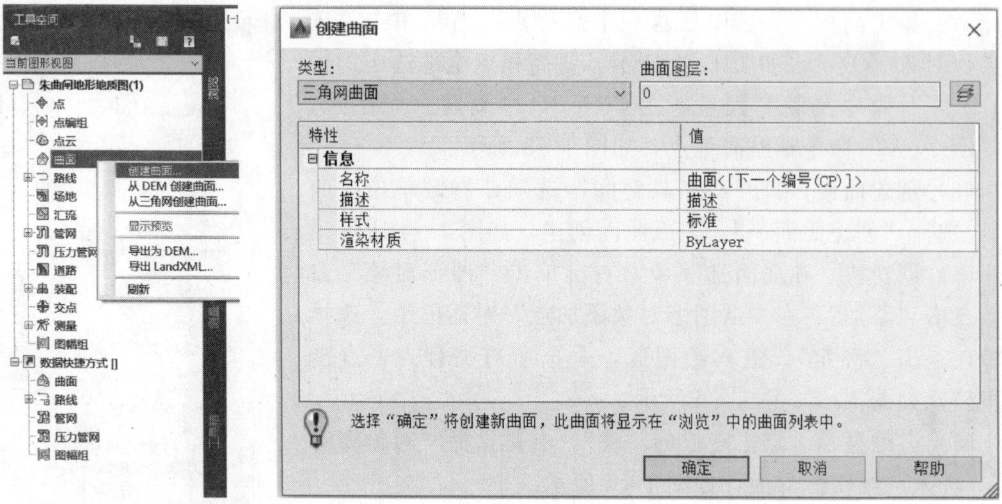

图 1-4　创建曲面

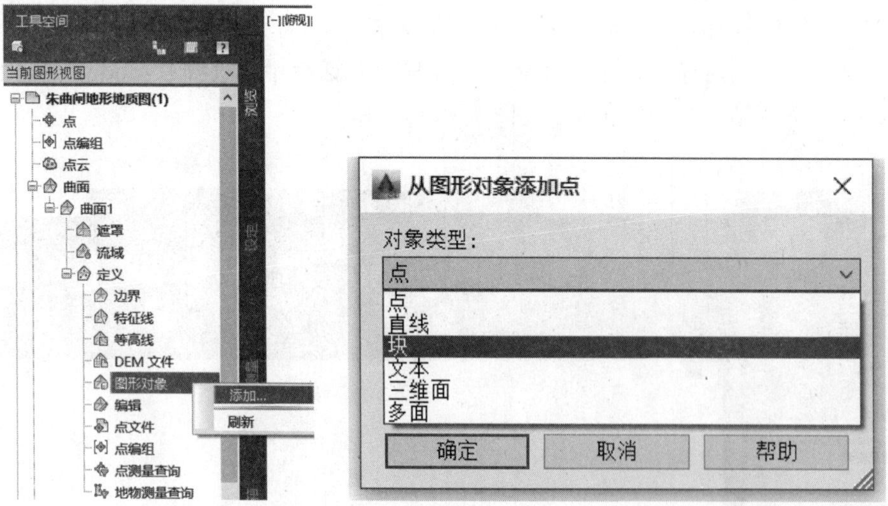

图 1-5　创建块

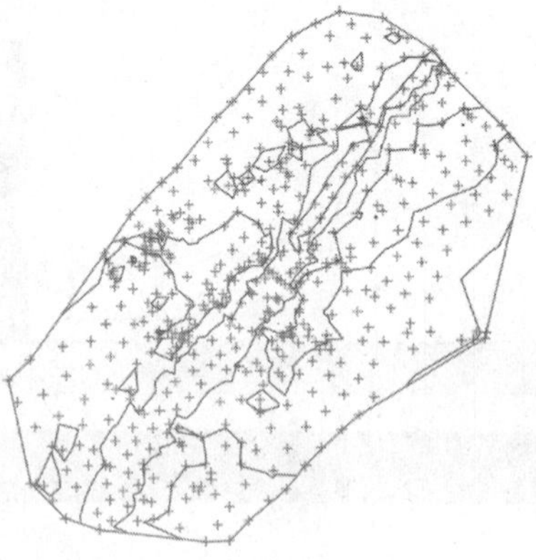

图 1-6　创建的“块”

图 1-7　三维显示地形效果

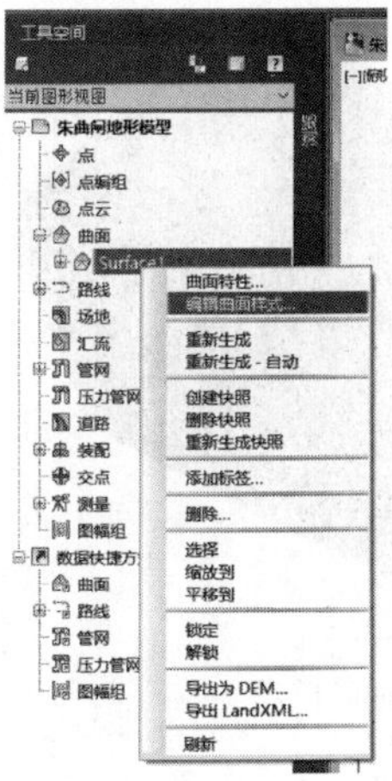

图 1-8　编辑曲面样式

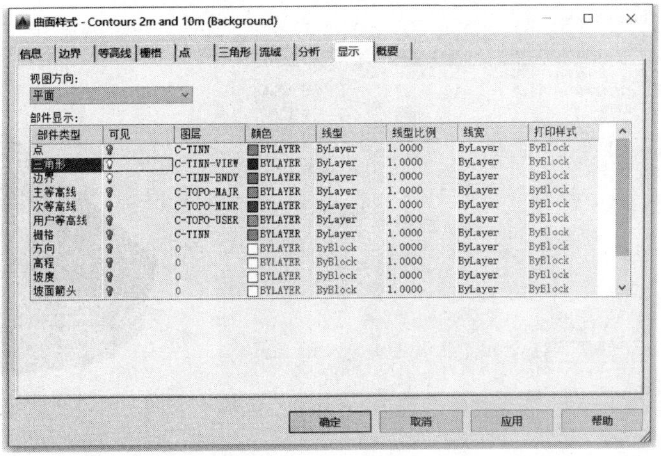

图 1-9　打开曲面样式的“三角形”“边界”选项

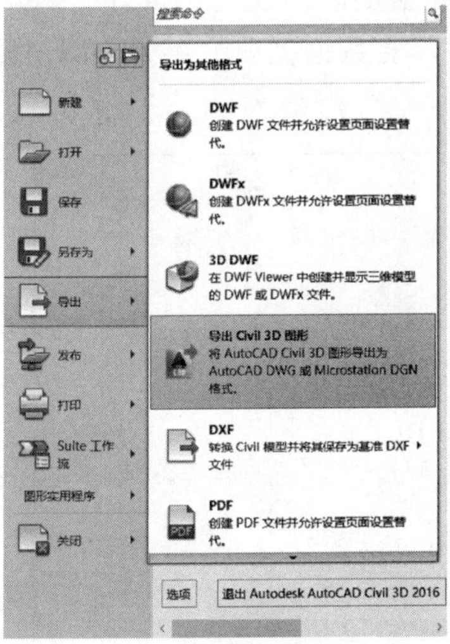

图 1-10　导出 Civil 3D 文件

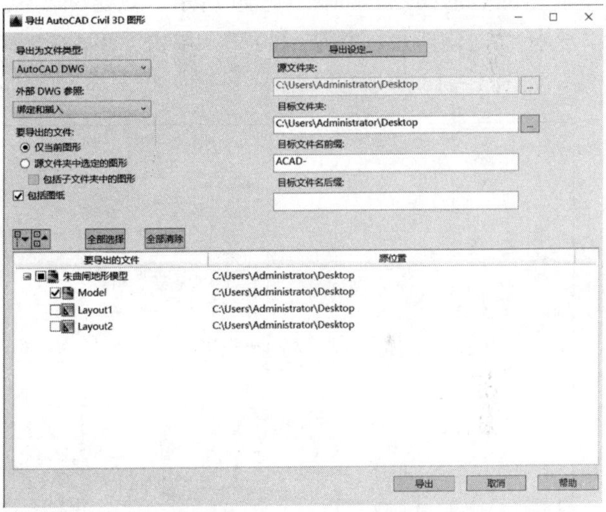

图 1-11　打开曲面样式的“三角形”“边界”选项

打开 Revit 软件，插入“链接 CAD”，找到 Model. dwg 文件，导入软件。打开“体量和场地”，点击“地形表面”，从“通过导入创建”找到“选择导入实例”，点击模型，勾选“C-TINN-VIEW”选项，点击确定，完成地形模型创建，如图 1-12～图 1-15 所示。

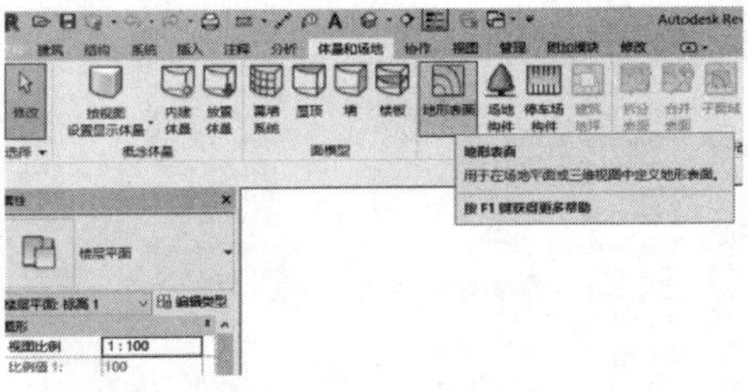

图 1-12　“地形表面”命令

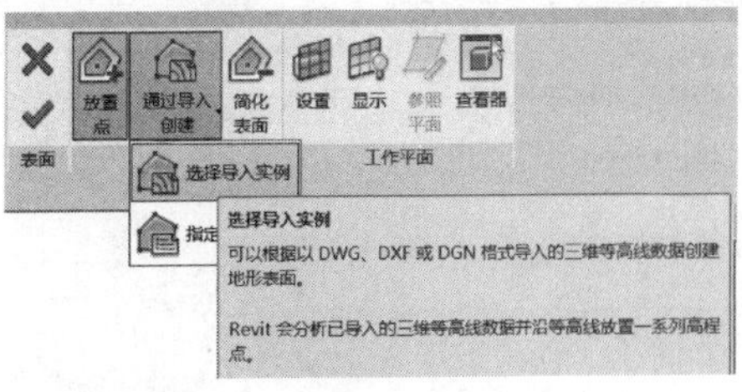

图 1-13　“通过导入创建”命令

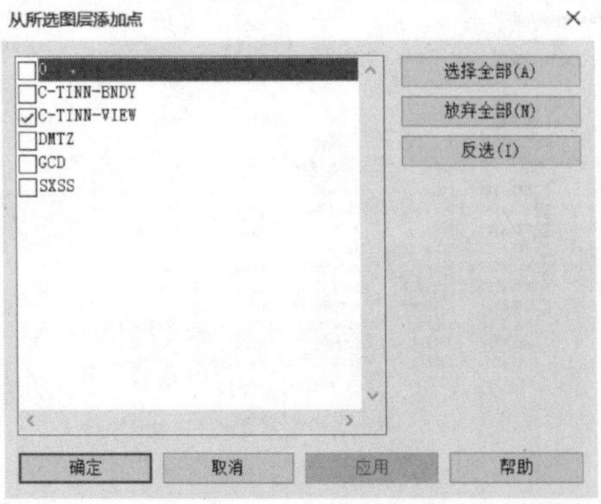

图 1－14 勾选“C－TINN－VIEW”选项

图 1－15 地形模型

2. 采用 CAD 和 Revit 软件创建三维地形模型

（1）在 CAD 软件中提取坐标点。在 CAD 软件中打开地形图，将多余的图层删除只留下有坐标点的图层，如图 1－16 所示，点击“工具”“数据提取”选项，如图 1－17 所示，选择“创建新数据提取（c）”，单击“下一步（N）”，将数据提取另存为 DXE 格式文件，如图 1－18 所示。

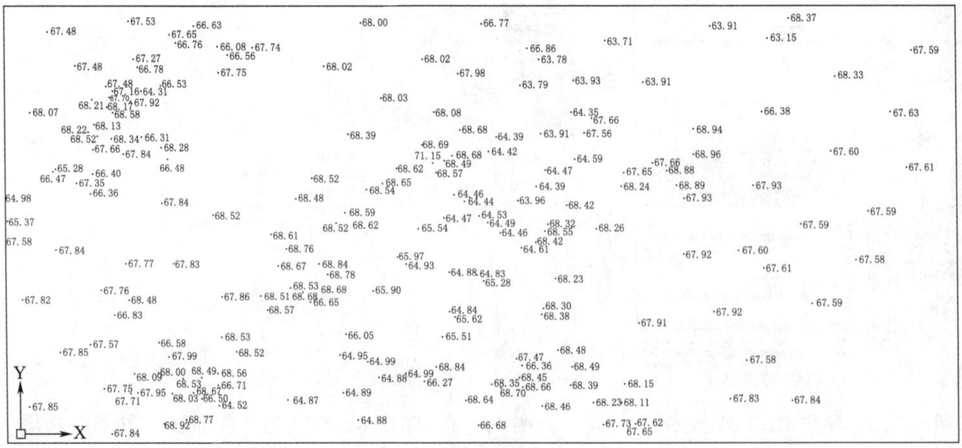

图 1－16 坐标点图层

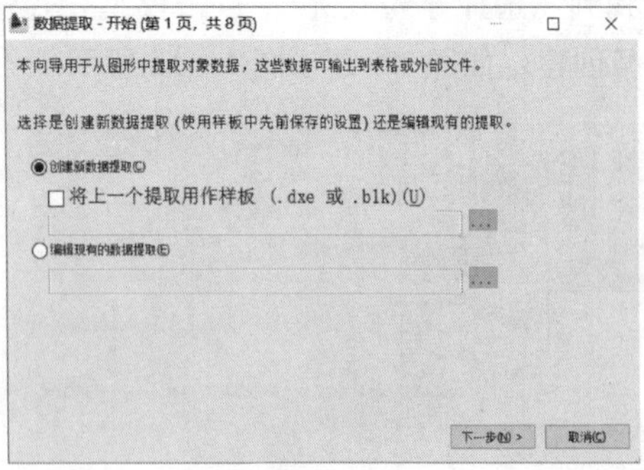

图 1－17 “数据提取”选项

图 1－18 另存为 DXE 文件

点击“下一步（N）”，定义数据源，如图 1-19 所示。继续点击“下一步（N）”，将多段线对象勾掉，如图 1-20 所示。

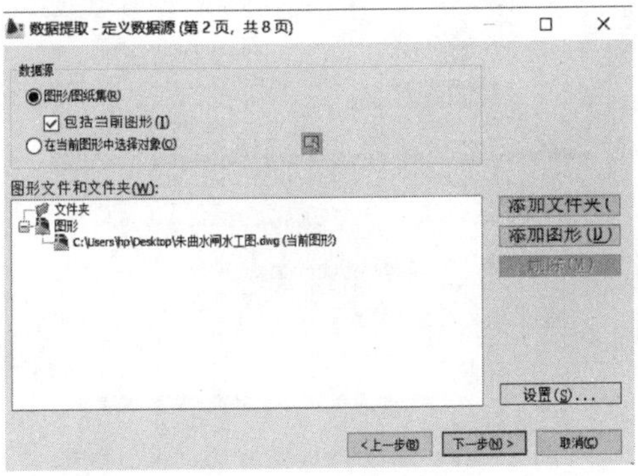

图 1-19　定义数据源

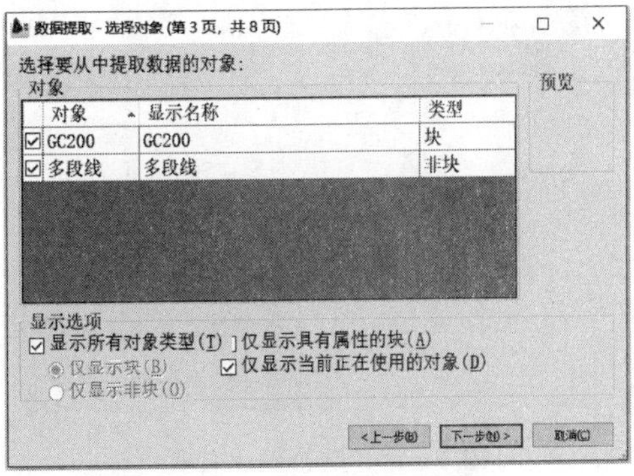

图 1-20　选择提取对象

在数据提取的“选择特性”中，类别过滤器只保留几何图形，其余勾掉；同时取消“比例 X”“比例 Y”“比例 Z”，只保留“位置 X”“位置 Y”“位置 Z”，点击“下一步（N）”，如图 1-21 所示。

进入“数据提取-优化数据”界面，将“显示计数列”和“显示名称列”勾掉，如图 1-22 所示。

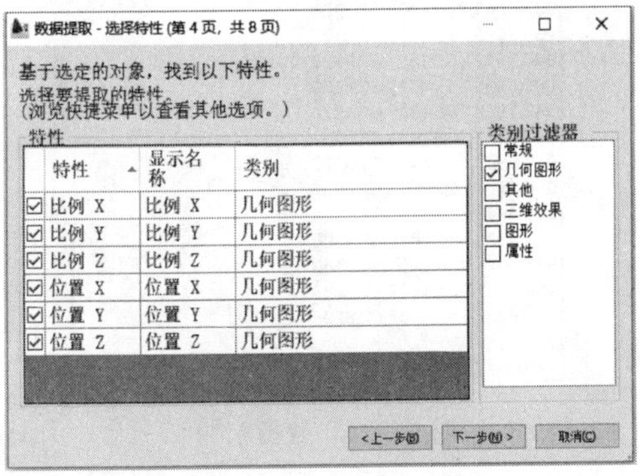

图 1-21　另存为 DXE 文件

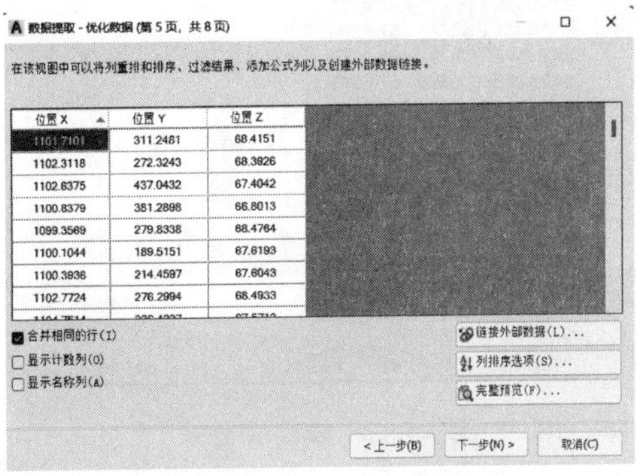

图 1-22　优化提取数据

进入“数据提取-选择输出”界面，选中“将数据输出至外部文件”。点击小点位置，如图 1-23 所示，进入“另存为”界面，将保存的文件类型修改为“文本/样板/提取文件（*.txt）”，并选择合适的位置进行保存，如图 1-24 所示。点击“完成”将数据提取。

（2）编辑 TXT 文件。打开导出的 TXT 文件，将“位置 X”“位置 Y”“位置 Z”删掉，在 X、Y、Z 坐标中插入逗号，此操作需在英文状态下插入逗号分割，如图 1-25、图 1-26 所示。

（3）导入 Revit 软件。打开 Revit 软件，新建一个建筑样板，将整理完成的数据导入，选择“体量和场地”中的“地形表面”。选择“通过导入创建”，找到“指定点文件”，将文件类型改为逗号分隔文本（*.txt），选择修改好的点数据，如图 1-27 所示。

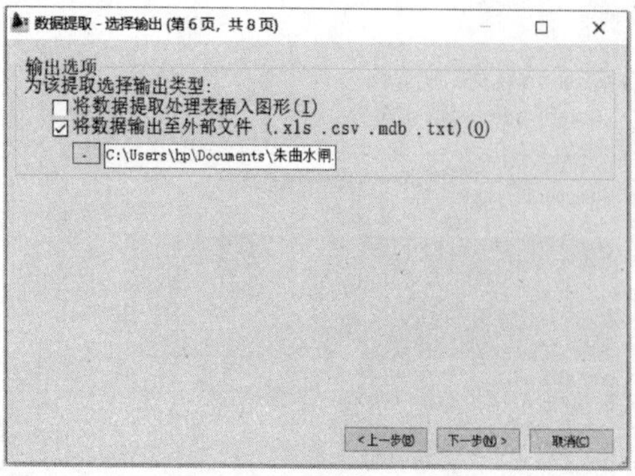

图 1-23　选择输出位置

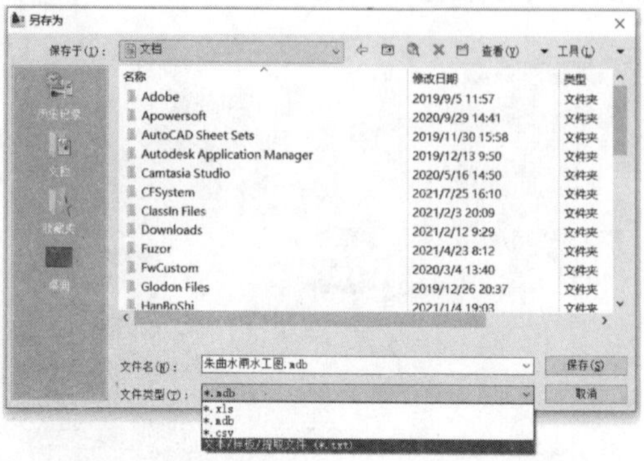

图 1-24　将文件后缀改为“*.txt”

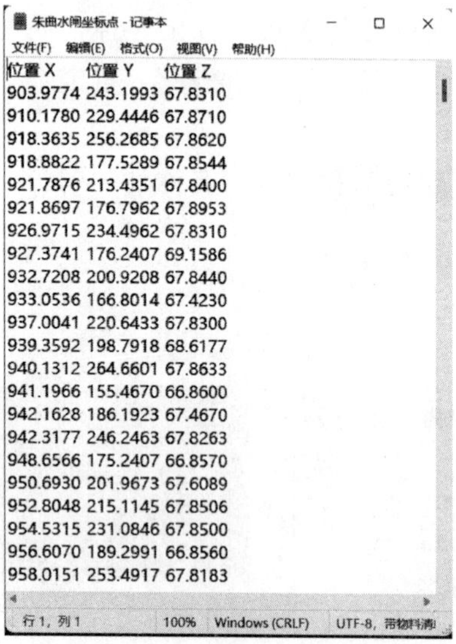

图 1-25　修改前坐标

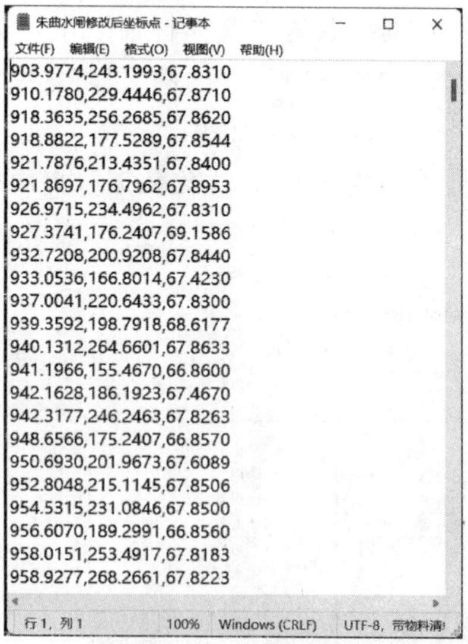

图 1-26　修改后坐标

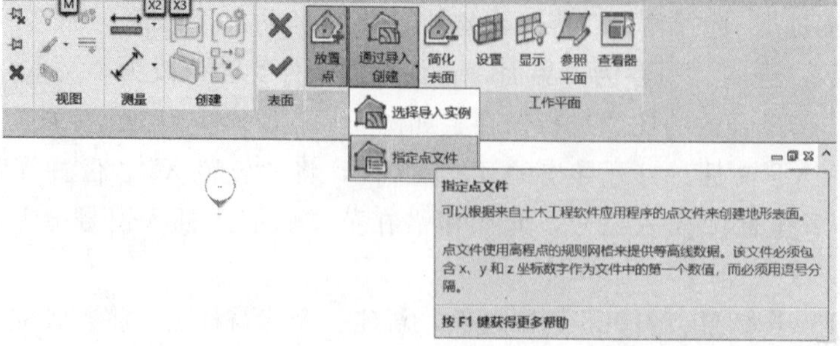

图 1-27　选择“指定点文件”创建

按照实际情况选择单位，这里可以选择“米”为单位，点击“√”，完成导入；将视图切换到三维状态，完成地形模型创建，如图 1-28 所示。

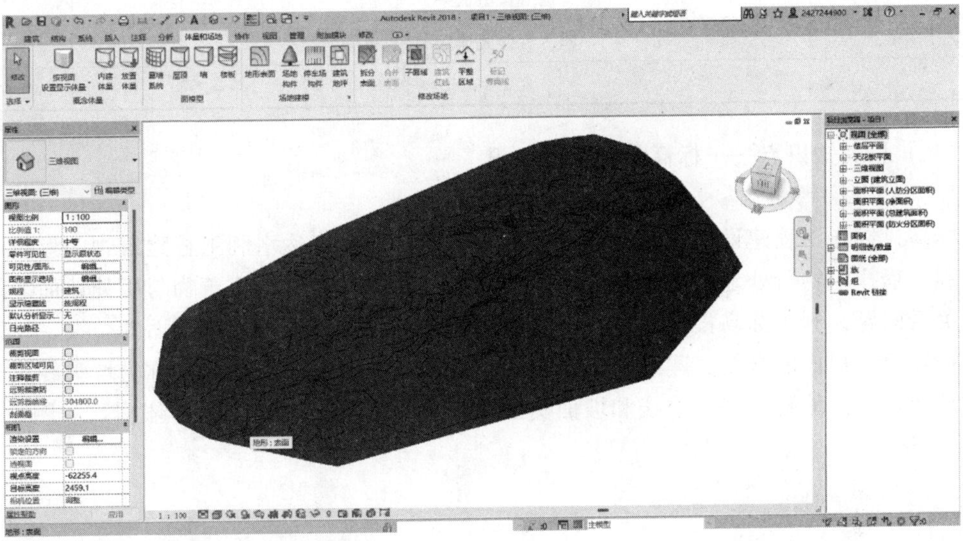

图 1-28　地形模型

（七）评价反馈

评价包括学生自评（占 50%）和教师评价（占 50%）两部分，学生自评表见表 1-6，教师评价表见表 1-7。

表 1-6　　　　**学 生 自 评 表**

班级		姓名		学号	
工作任务一	任务情景二　地形建模				
评价项目	评　价　标　准			分值	得分
①熟悉项目概况	对工程概况、自然条件、工程总体布置等进行识读与分析			20	
②熟悉软件	熟悉 Civil 3D、Revit、CAD 软件			20	
③地形图识读	识读地形图			20	
④地形建模 1	采用 Civil 3D 和 Revit 软件创建三维地形模型			40	
⑤地形建模 2	采用 CAD 和 Revit 软件创建三维地形模型				
合　计				100	

表 1-7　　　　**教 师 评 价 表**

班级		姓名		学号	
工作任务一	任务情景二　地形建模				
评价项目	评　价　标　准			分值	得分
①平时表现	出勤，课堂表现			40	

续表

评价项目	评 价 标 准	分值	得分
②成果评价	地形模型成果	30	
③小组表现	团队合作完成任务	30	
	合 计	100	

（八）相关知识点——标高投影基础知识

1. 标高投影的用途

标高投影在工程建设中具有非常重要的用途，它能够表达水利工程建筑物的形状以及与水利工程建筑物所处地面的形状，通过作图可以解决水利工程建筑物与所处地面之间的连接关系问题。利用标高投影原理作图可以得到建筑物的填方坡面与地面的交线、建筑物的开挖坡面与地面的交线、建筑物自身相邻坡面的交线，这些交线分别称为坡脚线、开挖线和坡面交线。坡脚线、开挖线和坡面交线是水利工程施工放样的重要依据，如图1-29所示。

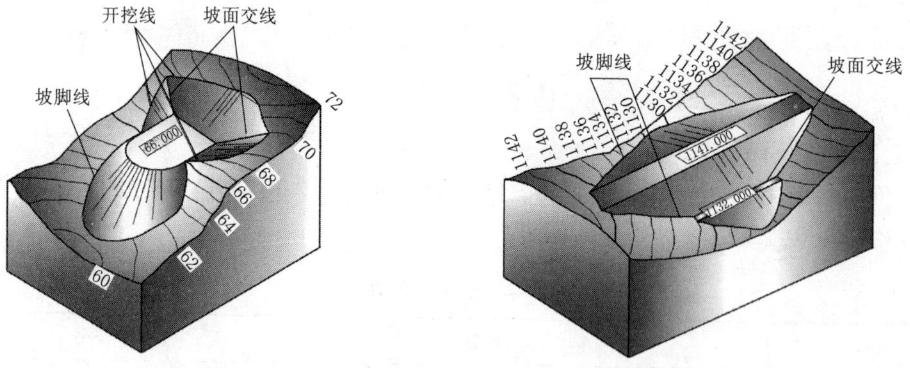

（a）斜坡上修建平台时建筑物与地面的连接关系　　（b）山区地面修建的土石坝与地面的连接关系

图1-29　坡脚线、开挖线和坡面交线

2. 标高投影图的基本要素

在建筑物或地面的水平正投影上标注某些特征面、线以及参照面的高程数，并指明绘图比例的单面正投影称为标高投影。图1-30所示是一个四棱柱（梯形柱）的标高投影图，实际就是在该梯形柱的水平投影（俯视图）上加注上底面和下底面的高程数值，并给出绘图比例尺，另外还绘制了示坡线，用以表达坡度方向。示坡线是一组长短相间的细实线，长线的长度是短线长度的2～3倍，示坡线指向下坡方向。

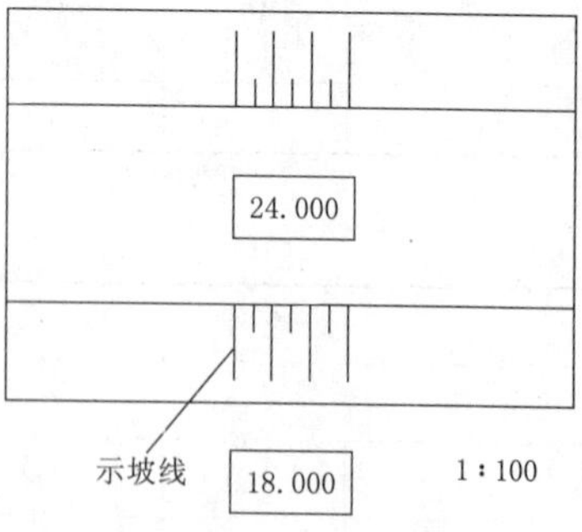

图1-30　标高投影形成示例

标高投影图的基本要素包括三个方面：

（1）建筑物或地面的水平正投影。

（2）高程数字。高程包括绝对高程和相对高程，只是两者的参考面不同而已，具体高程的含义可以参考测量学教程。值得注意的是，高程常用的单位是 m，一般精确到小数点后三位。

（3）绘图比例。绘图比例是衡量物体水平正投影大小的依据，比例的大小决定了绘图的精度。常见的表示方法有数字比例和图示比例两种形式。

数字比例示例：1∶100、1∶150、1∶200、1∶500、1∶1000 等。

图示比例示例：

3. 点、直线和平面的标高投影

（1）点的标高投影。选水平面 H 为基准面，将点在该面上作水平投影，在表示该点水平投影的小写字母的右下角注写高程数字，并标注绘图比例，便可得到点的标高投影。如 A 点到水平投影面 H 面的距离为 6m，标高投影如图 1－31 所示。

（2）直线的标高投影。两个控制点就可以唯一确定一条直线。将直线向水平面 H 面作水平正投影，注写控制点的高程数字，并标注绘图比例就可以得到直线的标高投影，如图 1－32 所示。

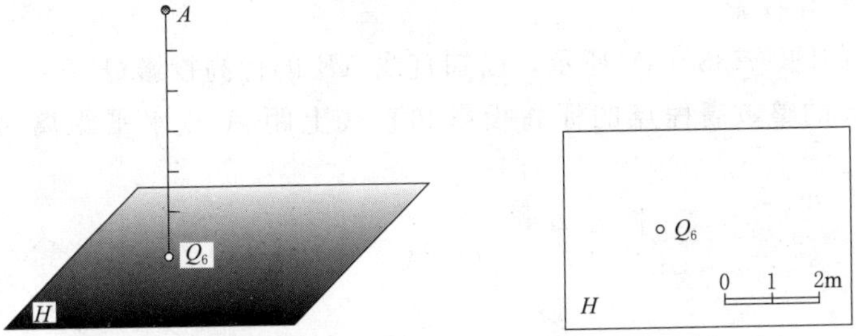

（a）点标高投影直观图　　（b）点的标高投影图

图 1－31　点的标高投影

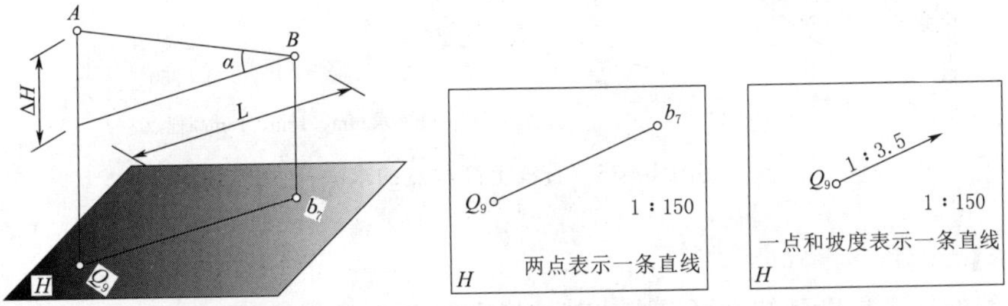

（a）直线标高投影的直观图　　（b）直线的标高投影

图 1－32　直线的标高投影

1）直线的坡度 i 与平距 L。如图 1－32（a）所示，记 ΔH 为直线上任意两点的高程之差，L 为该两点在水平面上的投影长度，α 为直线与水平面 H 面的倾角，直线的坡度 i 和平距 l 分别表示为下面两个公式：

$$i=\tan\alpha=\frac{\Delta H}{L}$$

$$l=\cot\alpha=\frac{L}{\Delta H}$$

因此，直线的坡度就是直线上任意两点的高程之差与其水平投影长度的比值，其意义是直线上任意两点当其水平投影长度为 L 时的高程之差。直线的平距就是直线上任意两点水平投影长度与高程之差的比值，其意义是直线上任意两点当其高程之差为 1 时的水平投影长度。平距和坡度互为倒数。平距 L 反映了水平投影的长度，在绘制标高投影中不可避免地要计算平距，因此，在标高投影的绘制中，平距比坡度使用起来更加方便、高效。

2）用直线上任意两点表示直线的标高投影。两点能够唯一确定一条直线，因此，直线的标高投影常用图 1-32（b）左图所示的方法来表示直线的标高投影，即用直线上任意两点的标高投影来表示该直线的标高投影。

3）用直线上一点的标高投影和其坡度表示直线的标高投影。如果知道直线的坡度，可以用直线上一点的标高投影和直线的坡度来表示直线的标高投影，表示坡度的箭头指向下坡方向。这是因为如果知道了直线的坡度和直线上一点的标高投影，就可以求出该直线上任意高程点的标高投影。

【例 1-1】 如图 1-33（a）所示，已知直线 AB 的标高投影 $Q_{13}b_{17}$，求直线上高程为 14m、15m、16m 的整数高程点的标高投影和直线上距 A 点水平距离为 4m 的 M 点的高程。

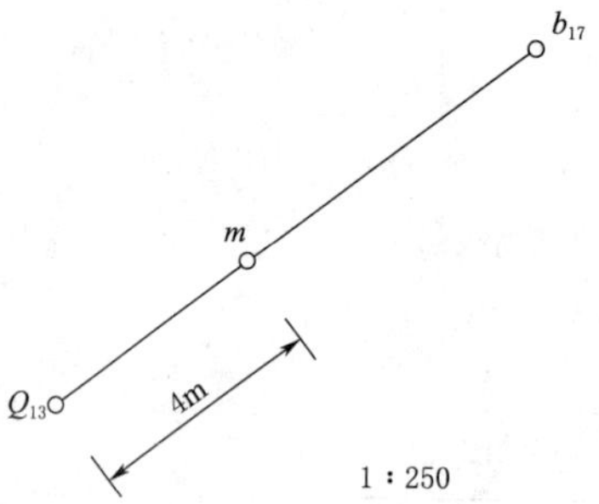

（a）已知

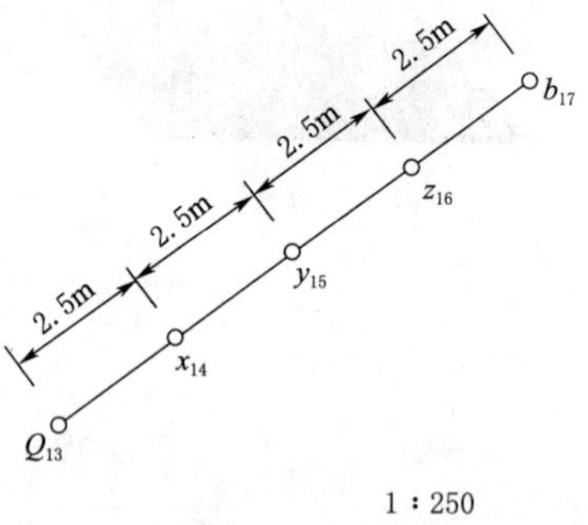

（b）求14m、15m、16m高程点

图 1-33　直线上高程点的求法

【分析】

该直线的标高投影已知，可以求出其坡度和平距。已知 $L_{AM}=4$m，根据 $\Delta H=L\cdot i$ 即可得 ΔH_{AM}，进而可求出 M 点的高程。

【作图】

①求 14m、15m、16m 高程点。

由已知计算 $\Delta H_{ab}=H_b-H_a=17-13=4$(m)，再用比例 $L_{ab}=10$m 尺量得，从而可以计算出该直线坡度 $i=\Delta H_{ab}/L_{ab}=4/10=1:2.5$，则平距 $l=1/i=2.5$(m)。

因 $L=\Delta H\cdot l$，高程为 14m 的点距 A 点的水平投影距离 $L_1=(14-13)\times2.5=2.5$(m)，高程为 15m、16m 的点间的水平距离均为 1 个平距，依据比例依次量取 2.5m 即得各点标高投影，如图 1-33（b）所示。

②求 M 点的高程。

已知$L_{am}=4$m，$l=2.5$m，A、M 两点高差为 4/2.5＝1.6m，因此，M 点的高程为 13＋1.6＝14.6(m)。

（3）平面的标高投影。如图 1－34 所示，用不同高程的水平面与平面 P 相交，所得的交线都是一条水平直线，这些水平交线就是该平面内的等高线，换句话说，平面 P 的等高线就是平面 P 与一系列水平面的交线。将等高线向 H 面投射并注上相应的高程数值，便可以得到平面等高线的标高投影，如图 1－34（b）所示。不难看出，平面内的等高线是相互平行的直线。

平面内的坡度线就是平面内对水平面的最大斜度线，坡度线的坡度就代表平面的坡度。坡度线与 H 面的夹角反映了平面对 H 面的倾角。平面内的坡度线与等高线互相垂直。

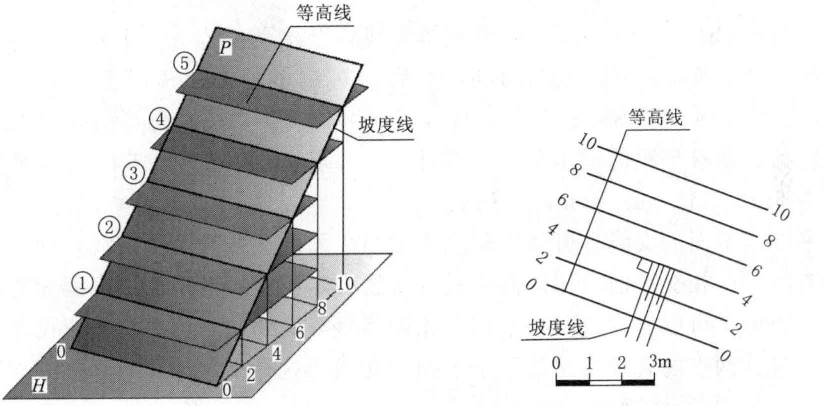

（a）直观图　　（b）标高投影

图 1－34　平面内的等高线和坡度线

在图解实际工程问题时，经常用到平面内的等高线，下面介绍平面内等高线的求作方法。

用一条等高线和坡度线表示平面与平面内等高线的求作。如图 1－35（a）所示，是用平面内一条等高线和坡度线表示平面的标高投影。

如图 1－35（b）所示，已知平面的坡度 1∶2 和平面内一条高程为 54m 的等高线，求作平面内高程为 52m、48m 的等高线。求作方法：由平面的坡度 $i=1:2$，可知 $l=1/i=2$m，由于平面的等高线是一系列相互平行的直线，所以沿着下坡方向分别作出与高程为 54m 的等高线间距依次是 4m 和 12m，又因为比例尺为 1∶1000，故作图时的间距分别为 4mm 和 12mm。最后，画出示坡线，标上坡度数值。

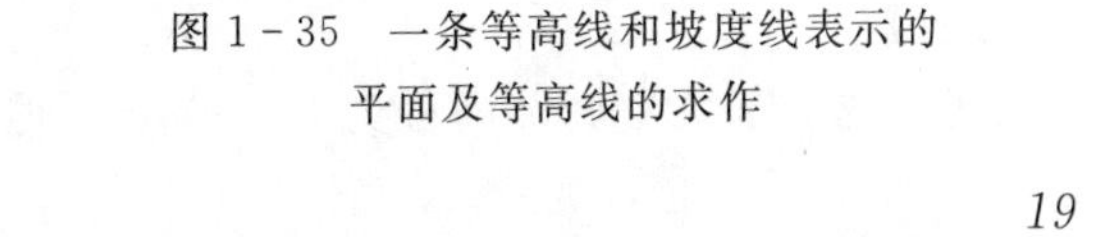

（a）用一条等高线和一条坡度线表示的平面　　（b）求作平面上高程为52m和48m的等高线，并绘制示坡线

图 1－35　一条等高线和坡度线表示的平面及等高线的求作

用一条斜线和坡度及大致坡向表示平面与平面内等高线的求作。如图 1－36（a）所示，是用平面内的一条斜线和坡度及大致坡向表示平面的标高

投影。

已知平面内的一条斜线 a_8b_0 和平面的坡度 $i=1:1.5$，求作平面内高程为 6m、4m、2m、0m 的等高线。欲求这个平面的等高线，必须先求出一条等高线。

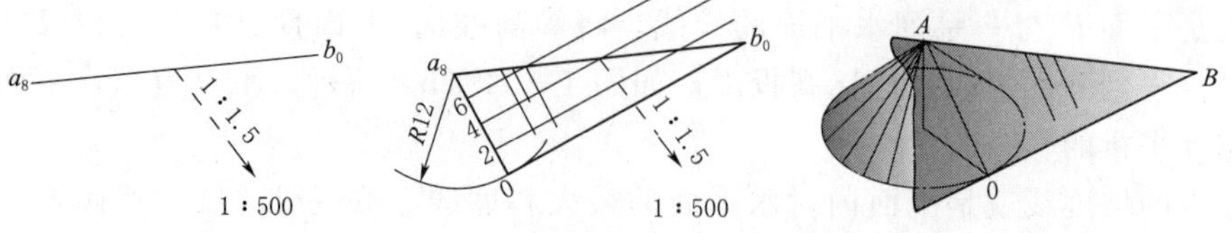

（a）一平面　（b）求出平面内0m高程等高线　（c）求0m高程等高线的直观图

图 1-36　一条斜线和坡度及大致坡向表示的平面及等高线的求作

如图 1-36（b）所示，先求 0m 高程等高线：以 a_8 为圆心，以 $r=\Delta H \cdot l=(8-0)\times 1.5=12(\text{m})$ 为半径向着下坡方向画圆，然后由 b_0 向该圆作切线，连接 b_0 和切点，就是高程为 0m 的等高线。求出高程为 0m 的等高线后，根据"平面内等高线是相互平行的直线"这一特征，和求平距的一般思路"先求 i，再求 l，再求 L，考虑比例尺"即可绘制高程分别为 6m、4m、2m、0m 的等高线。

（4）平面与平面的交线。毋庸置疑，平面与平面的交线是一条直线，而两点可以唯一确定一条直线，两相交平面内相同高程的等高线必定相交，两平面内高程相等的所有点都在交线上，因此，可以通过求两个平面上相同高程等高线交点的方法确定两平面交线上的两个点，连接这两点的直线就是这两个平面的交线。这种求解平面与平面交线的方法，称为等高线法，如图 1-37 所示。

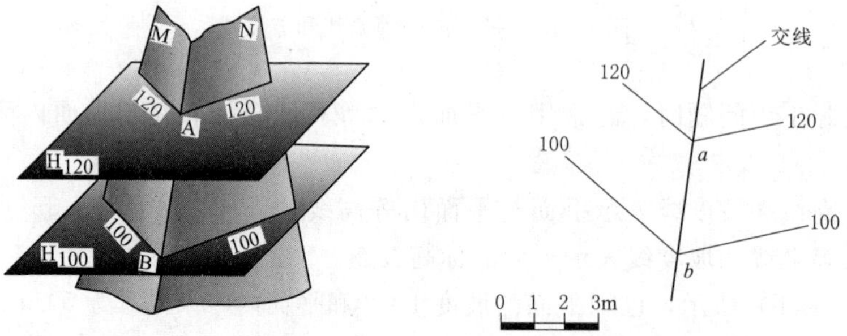

（a）两平面交线直观图　（b）两平面交线的标高投影

图 1-37　等高线法求两平面交线的标高投影

（5）平地面上平面体建筑物的标高投影图。在工程实践中，建筑物与地面间、建筑物相邻两坡面间会产生相应的交线，如何绘制这些交线呢？通过完成标高投影图的方法就可以解决。

【例 1-2】　已知地面高程为 31.000m，基坑底面高程为 23.000m，基坑底部的设计形式及边坡坡度如图 1-38（a）所示，请完成基坑开挖后的标高投影图。

【分析】

该建筑物（基坑）底部高程为 23.000m，地面高程为 31.000m，因此，该建筑物为开挖型建筑物，需要绘制其开挖线和坡面间的交线。开挖线是坡面与地面的交线，建筑物共四个坡面，产生四条开挖线，因为地面是高程为 31.000m 的水平面，所以开挖线是各坡面上高程为 31.000m 的等高线；四个坡面相邻相交产生四条坡面交线，该基坑开挖的直观效果如图 1－38（b）所示。

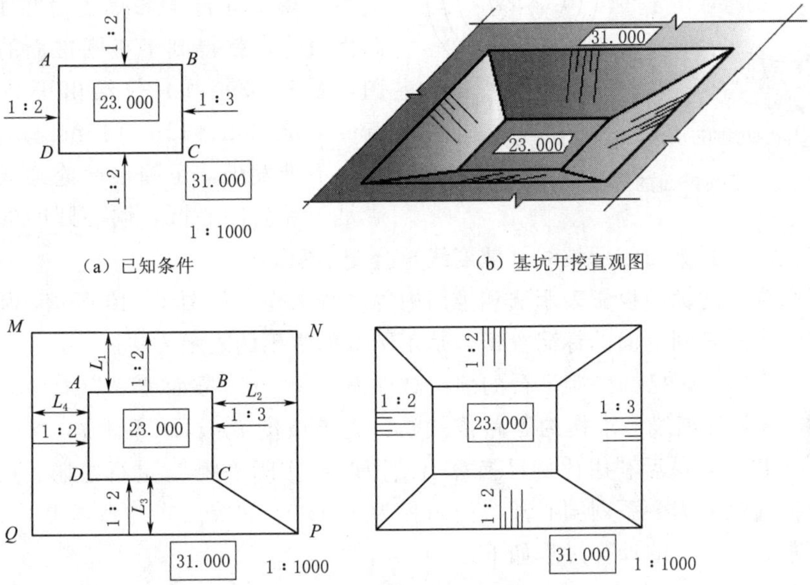

（a）已知条件　　（b）基坑开挖直观图

（c）绘制基坑开挖线　　（d）绘制坡面交线，完成标高投影

图 1－38　求作基坑标高投影图

【作图】

如图 1－38（c）所示。解决这类问题的一般思路是：先求坡度 i，再求平距 l，接下来根据相关高程 ΔH 求出 L，最后利用比例尺换算出绘图时的实际平距 L 进行绘制。该基坑的四个边坡均为平面边坡，由于平面的等高线为一系列平行直线，其中，AB、BC、CD、DA 为四个平面边坡的已知的高程为 23.000m 的等高线，开挖线必定与它们平行。接下来就要求出各开挖线与对应已知等高线间的距离。记 AB 与其开挖线间的距离为 L_1，L_1 的计算过程如下：

①$i_1=1:2$；

②$l_1=1/i_1=1/(1:2)=2$；

③$\Delta H=31.000-23.000=8.000(\mathrm{m})$；

④ $L_1=\Delta H\cdot l_1=8.000\times2=16.000(\mathrm{m})$；

⑤绘图时 $L_1=16.000\mathrm{m}\times(1:1000)=16.000(\mathrm{mm})$。

所以，绘制 AB 的平行线 MN，平行线间的距离为 16mm。

同理，可以绘制开挖线 NP、PQ、QM。

如图 1－38（d）所示，连接相邻两坡面相同高程等高线的交点的直线，就是相邻两坡面交线。

画出各坡面的示坡线，完成标高投影作图。

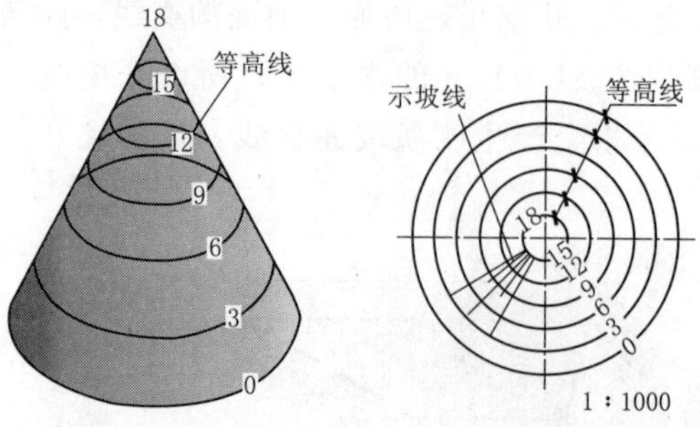

（a）正圆锥面标高投影的形成　（b）正圆锥面的标高投影

图 1 - 39　正圆锥面的等高线和示坡线

4. 正圆锥面的标高投影

（1）正圆锥面的等高线与示坡线。如图 1 - 39 所示，用水平面去截切正圆锥，截平面与圆锥面的交线就是其等高线，将这些等高线向 H 投影面投射并注写相应的高程数值，就得到了正圆锥面的标高投影图，图 1 - 39（b）仅给出了高程为 0m、3m、6m、9m、12m、15m、18m 的等高线。不难发现，正圆锥面等高线的标高投影是一系列同心圆，同心圆间的距离与相应的高程有关。正圆锥面的示坡线（坡度线）会交于圆心。

（2）正圆锥面的标高投影表示法和锥面内等高线求作。如图 1 - 40 所示，用一条等高线和坡度线来表示正圆锥面的标高投影，是正圆锥面常用的表示方法。

如图 1 - 41 所示，已知圆锥平台的顶面高程为 6.000m，锥面坡度为 1∶3，求锥面上高程为 0.000m 的等高线。求作的思路依然是：先求坡度 i，再求平距 l，接下来根据相关高程 ΔH 求出 L，最后利用比例尺换算出绘图时的实际平距 L 进行绘制。由于正圆锥面等高线的标高投影为一系列同心圆，记高程为 6.000m 的等高线与高程为 0.000m 的等高线间的平距为 L，L 的计算过程如下：

①$i=1∶3$；

②$l=1/i=1/(1∶3)=3$；

③$\Delta H=6.000-0.000=6.000(\text{m})$；

④$L=\Delta H\cdot l=6.000\times 3=18.000(\text{m})$；

⑤ 绘图时 $L=18\text{m}\times(1∶200)=90(\text{mm})$。

所以，绘制高程为 6.000m 等高线的同心圆，距离为 90mm。然后画出正圆锥面上的示坡线。

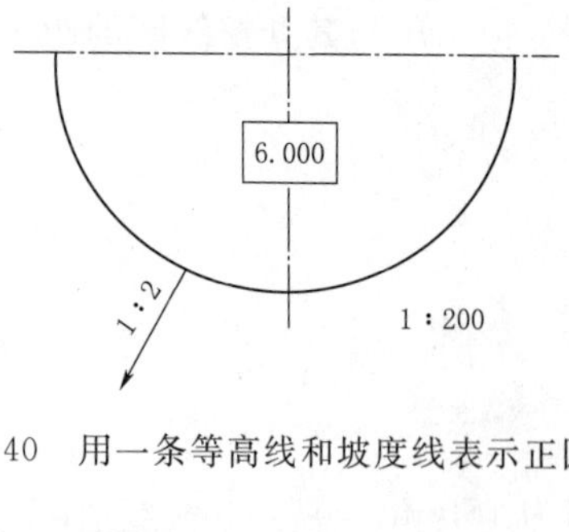

图 1 - 40　用一条等高线和坡度线表示正圆锥面

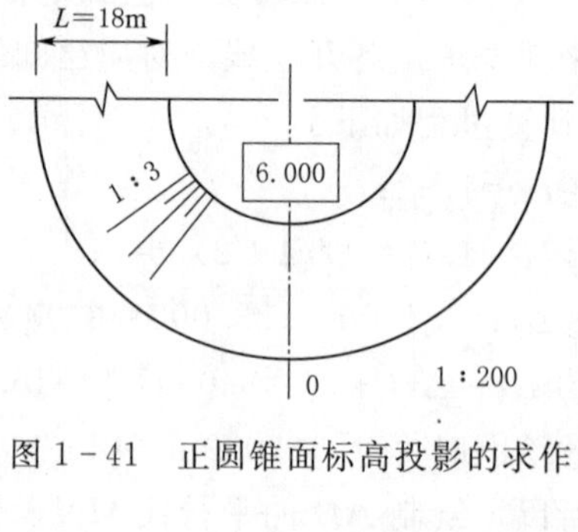

图 1 - 41　正圆锥面标高投影的求作

（3）正圆锥面与平面的交线。土方工程施工中，通常将基坑相邻的挖方边坡转角部位做成如图 1 - 42（a）所示的部分倒立圆锥面；在堆土方时，通常将相邻的堆方边坡转角部位做成如图 1 - 42（b）所示的部分正立圆锥面。这样做不仅美观，而且能够缓解边角部位的应力集中，对防止基坑滑坡或塌方有利。

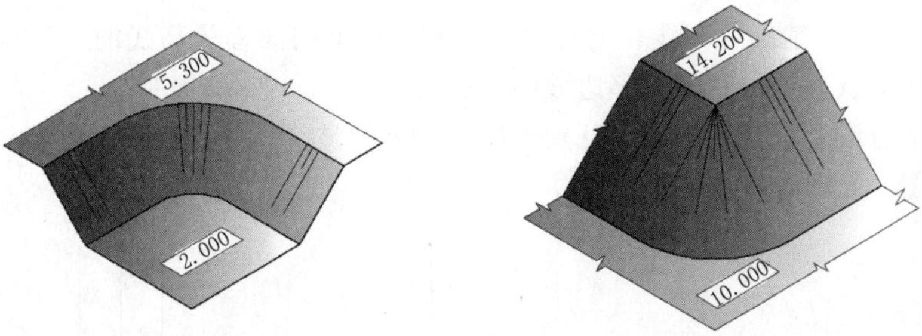

（a）基坑开挖后边角处理成圆锥面　　　（b）堆土方时边角部位的处理

图 1-42　正圆锥面在工程上的应用

【例 1-3】 如图 1-43（a）所示，在高程为 7.000m 的地面上，修筑一个高程为 15.000m 的平台，试完成其标高投影图。

【分析】

根据图 1-43（a）的已知条件，工程的内容是堆筑三个坡面：一个坡度为 1∶1 的平面边坡、一个坡度为 1∶1.5 的平面边坡，一个坡度为 1∶1 的正圆锥面边坡。堆方的三个边坡在 7.000m 高程处会产生三条坡脚线，两个平面边坡与正圆锥面边坡会产生两条坡面交线，这两条坡面交线均为非圆曲线。由于地面是高程为 7.000m 的平地面，所以两个平面边坡与平地面产生的坡脚线为与对应坡面上 15.000m 高程等高线相互平行的直线，平行线之间的距离 L_1 和 L_2 可以根据标高投影的一般计算步骤求得。正圆锥面边坡与高程为 7.000m 的平地面产生的坡脚线为一圆曲线，该圆形坡脚线与该边坡 15.000m 高程等高线之间的距离 L_3 也可以根据标高投影的一般计算步骤求得。这样就可以绘制出三条坡脚线。坡面间交线为非圆曲线，可以利用等高线法求得，具体来说就是在相交的两个坡面上作出一系列相同高程的等高线，相同高程等高线交点的平滑连线就是所求的坡面交线，如图 1-43（b）所示。

绘制标高投影步骤如下：

①求坡脚线。如图 1-43（c）所示。由于地面是水平面，所以坡脚线是三个坡面上高程为 7.000m 的等高线，已知的堆方平台轮廓线是各坡面上高程为 15.000m 的等高线，各坡面上两等高线间的高差均为 $\Delta H=15.000-7.000=8.000(\text{m})$，各坡面的平距 l 可由坡度得知。

因 $L=\Delta H \cdot l$，可得各坡面上水平距离：

$$L_1=\Delta H \cdot l_1=8\times1=8(\text{m})$$

$$L_2=\Delta H \cdot l_2=8\times1.5=12(\text{m})$$

$$L_3=\Delta H \cdot l_3=8\times1=8(\text{m})$$

绘图时，考虑比例尺，则

$$L_1=8\text{m}\times(1:200)=40\text{mm}$$

$$L_2=12\text{m}\times(1:200)=60\text{mm}$$

$$L_1=8\text{m}\times(1:200)=40\text{mm}$$

沿着各坡面上坡度线的方向量取相应的水平距离，即可绘制出各坡面的坡脚线。

②求作坡面交线。如图 1-43（d）所示，在各坡面上分别绘制出高程为 7m、9m、11m、13m、15m 的辅助等高线，便可以获得相邻面上同高程等高线的一系列交点，顺次平滑连接这些交点，就得到了相邻边坡的坡面交线。

③在每个边坡上垂直于等高线分别绘制出一组示坡线，并标注坡度数字，从而完成标高投影的作图。如图 1-43（e）所示。

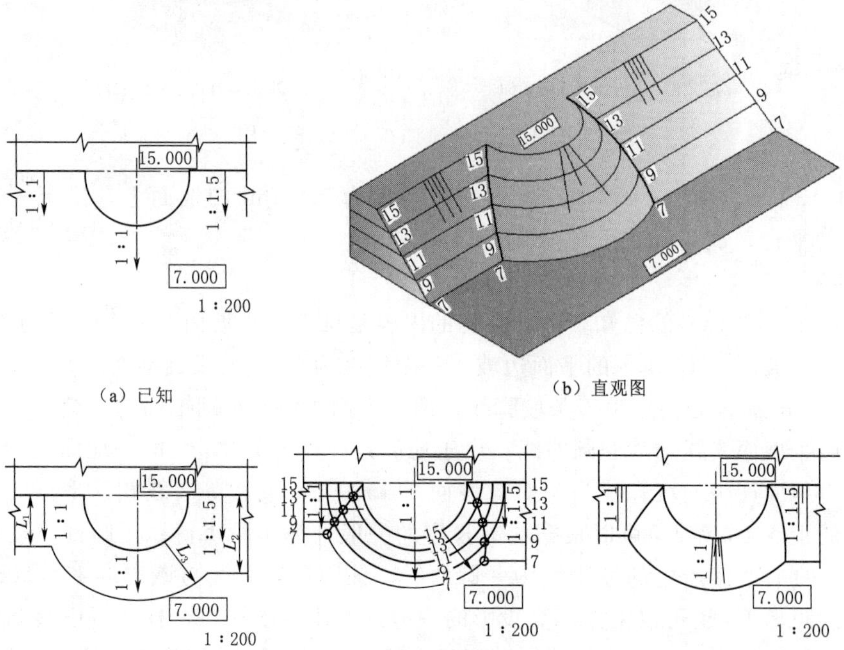

（a）已知　（b）直观图

（c）绘制坡脚线　（d）绘制坡面间的交线　（e）绘制示坡线

图 1-43　求作圆锥面护坡的标高投影

5. 地形面的标高投影

（1）地形面的标高投影概述。

崎岖不平的地形面可以用等高线地形图来表示，用等高线表示地面起伏和高度状况的地图。在同一幅等高线地形图上，地面越高，等高线条数越多。等高线密集的地方，地面坡度陡峻。凡等高线重合处，必为峭壁。若等高线成较小的封闭曲线时，这一地区便是山峰、洼地或小岛。等高线的形状从山顶起逐渐向外凸出的为山脊，山脊的连线称为分水线。等高线形状逐渐向山顶或鞍部方向凹的为山谷，谷地的连线为集水线。两条等高线凸侧互相对称处，称为山的鞍部。用一系列高差相等的水平面与地形面相交得到截交线，画出这些等高线的水平投影，并注明每条等高线的高程，标出绘图比例，就得到地形面的标高投影，如图 1-44 所示。标准规定：每五条地形等高线中的第五条线称为计曲线（高程一般为 5m 或 10m 的倍数）。计曲线用中粗线绘制，其他等高线用细实线绘制。地形图上的高程数字的字头应朝向高程增加的方向。

如图 1-45 所示，地形等高线的投影特征是：

1）等高线是封闭的不规则曲线。

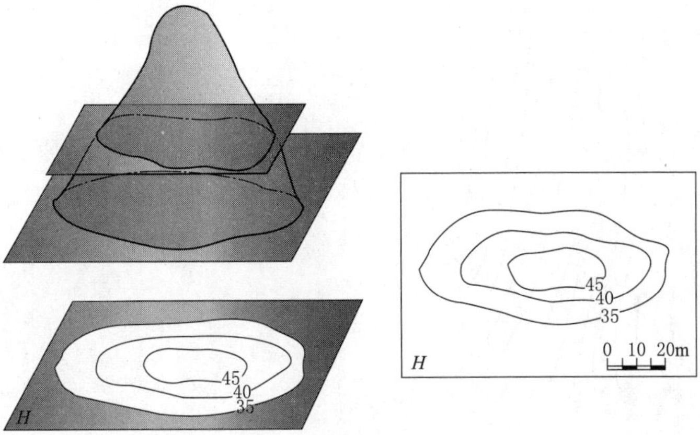

图 1-44　地形面的标高投影

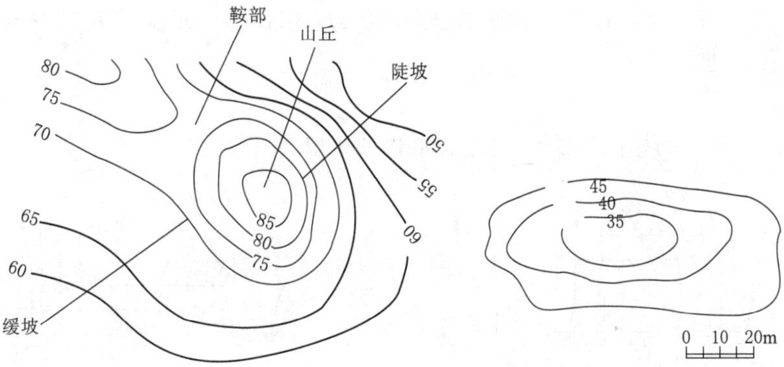

(a) 山坡　　(b) 洼地

图 1-45　地形面的标高投影

2）一般情况下（除悬崖、峭壁等特殊地形外），相邻等高线不相交、不重合。

3）在同一张地形标高投影图中，等高线越密表示该处坡越陡，等高线越疏表示该处坡越缓。

(2) 建筑物与地形面的标高投影。

水利工程建筑物与地面的交线一般是不规则曲线，而坡面交线多为直线和规则曲线。虽然交线的形状不同，但求解和绘制这些交线的方法都是前面提到的等高线法，即交线就是建筑物和地面上一系列相同高程等高线交点的连线（或平滑连线）。

【例 1-4】 某水利工程土石坝坝址处的等高线地形图及土石坝的最大横断面图如图 1-46 所示，完成该土石坝的标高投影。

【解析】

土石坝的坝顶、马道、上游坝坡和下游坝坡与地面的交线称为坡脚线，这些交线都是不规则曲线，可以通过求地形和土石坝对应部分（坝顶、马道、上游坝坡和下游坝坡）上相同高程等高线的交点平滑连线的方法求得。计算过程仍然是标高投影的基本计算思路：

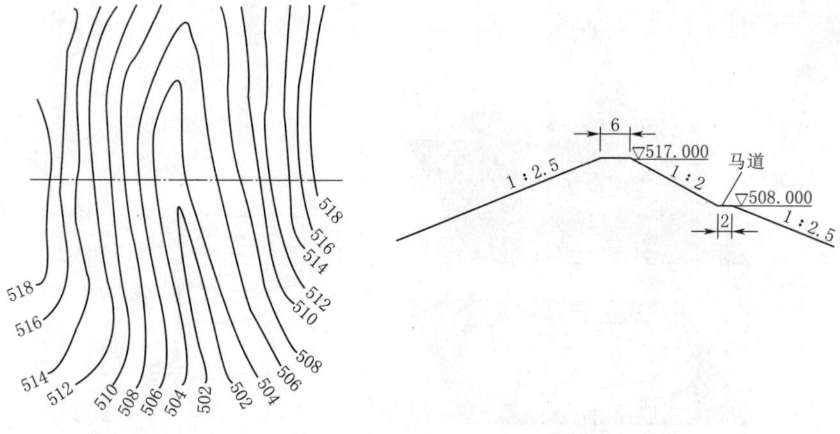

（a）坝址处等高线地形图 1∶1000　　（b）土坝的最大横断面 1∶1000

图 1-46　坝址处等高线地形图及土石坝最大横断面图

先求坡度 i，再求平距 l，接下来根据相关高程 ΔH 求出 L，最后利用比例尺换算出绘图时的实际平距 L 进行绘制。

【绘图】

水利工程土石坝的标高投影绘制过程如图 1-47 所示。

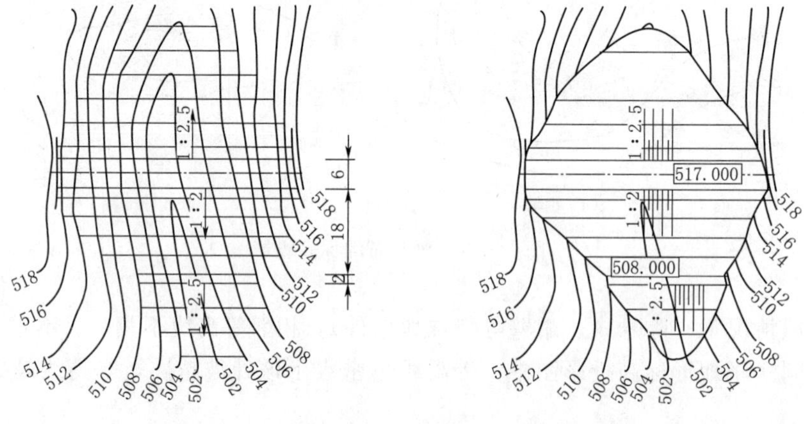

（a）绘制坝顶及马道的标高投影和交线 1∶1000　　（b）绘制坡脚线和示坡线 1∶1000

图 1-47　水利工程土石坝的标高投影绘制过程

工作任务二　BIM 技术在水闸设计中的应用

任务情景一　上游连接段建模

（一）工作任务

上游连接段的主要作用是引导水流平稳地进入闸室，同时起防冲、防渗、挡土等作用。一般包括上游翼墙、铺盖、护底、两岸护坡及上游防冲槽等。上游翼墙的作用是引导水流平顺地进入闸孔并起侧向防渗作用；铺盖主要起防渗作用，其表面应满足抗冲要求；护坡、护底和上游防冲槽（齿墙）的作用是保护两岸土质、河床及铺盖头部不受冲刷。上游连接段采用反翼墙，C20 混凝土重力式挡土墙结构，其水平投影长度与铺盖同长（10m）。上游铺盖前段设置长 10m 的护坡段，边坡、底板均采用 C20 混凝土护砌，厚度 0.3m。

朱曲节制闸上游连接段建模的工作任务是根据朱曲节制闸结构图（平面图、上下游立面图、断面图等），利用 Revit 软件创建上游连接段的三维模型。

（二）工作目标

该任务的工作目标包括知识目标、技能目标和思政目标，详见表 2－1。。

表 2－1　　上游连接段建模工作目标

任务情景一　上游连接段建模	
知识目标	掌握应用 Revit 软件创建水闸上游连接段的方法和技巧
技能目标	具有应用 Revit 软件创建水闸上游连接段的能力
思政目标	严谨细致、团队协作、作图规范、专业自豪

（三）任务分组

按照表 2－2 填写任务分组名单。

表 2－2　　学生任务分组表

组号		班级		指导老师	
组长		学号			
组员					

续表

任务分工	

（四）引导问题

（1）节制闸的结构图中上游连接段的各部分尺寸是多少？

（2）节制闸的结构图中上游连接段在 Revit 三维建模中，需要划分成几个独立的部分？每一部分的形体是什么？

（3）节制闸的结构图中上游连接段在 Revit 三维建模中最难创建的是哪一部分？

（五）工作计划

（1）节制闸上游连接段防冲槽建模。

（2）节制闸上游连接段圆弧翼墙建模。

（3）节制闸上游连接段铺盖及护底建模。

（六）工作实施

1. 创建上游连接段铺盖模型

（1）创建标高。在项目浏览器中展开“立面”，双击“南”进入南立面视图，创建标高 64.750、67.200、68.860，如图 2-1 所示。

图 2-1　创建标高

（2）绘制轴网。在楼层平面上绘制轴网。在Revit中轴网只需要在任意一个楼层平面中绘制完成，其他楼层平面、立面和剖面视图里会自动显示，如果编辑轴网，还需要通过“影响范围”将编辑好的轴网复制到其他楼层平面。

在项目浏览器中双击“楼层平面”的标高64.750m，进入平面视图。单击选项卡“建筑”“轴网”命令，绘制轴线，如图2-2所示。

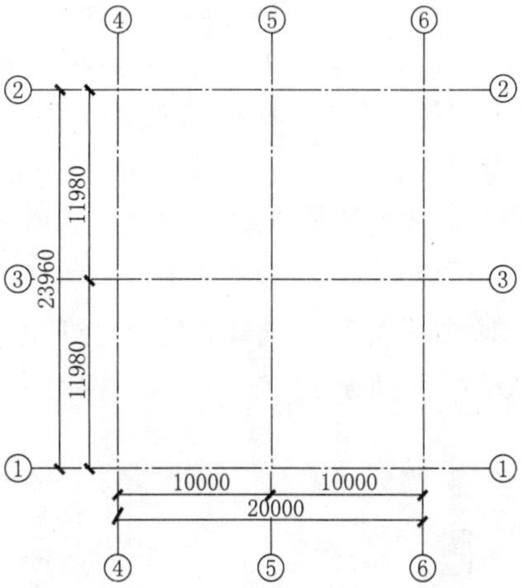

图2-2　绘制轴网

（3）绘制铺盖。在项目浏览器中展开“立面”，双击“南”进入南立面视图。单击选项卡“建筑”\“构件”\“内建模型”命令，在“族类别和族参数”对话框中，选择“常规模型”，将名字改为“上游连接段底板”，如图2-3所示。将底板分为两块绘制，采用“拉伸”命令，根据尺寸绘制底板特征面，分别拉伸完成，如图2-4、图2-5所示。

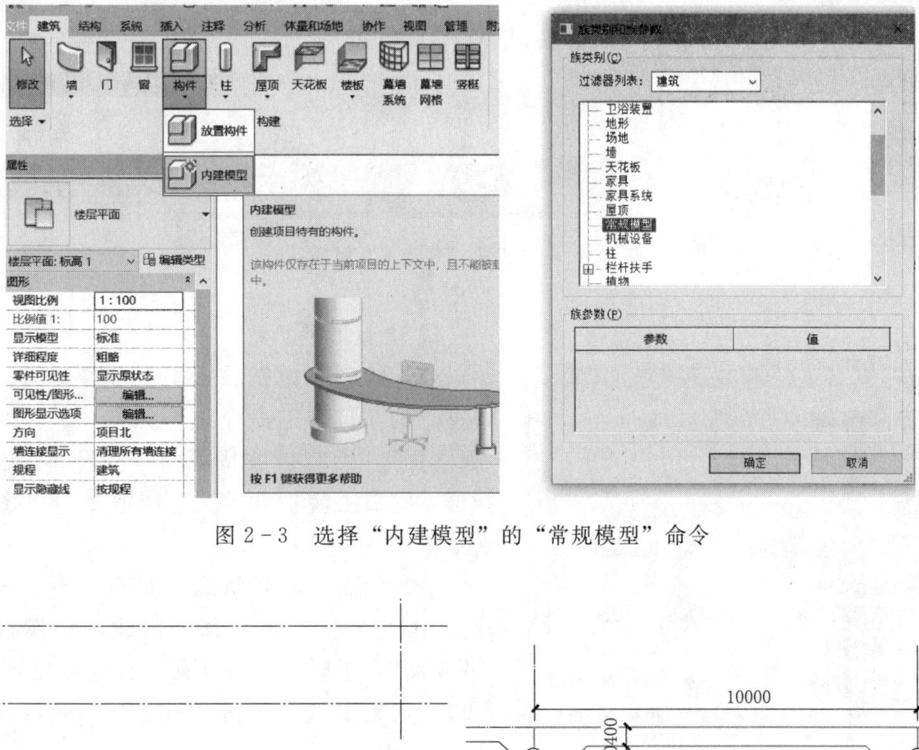

图2-3　选择“内建模型”的“常规模型”命令

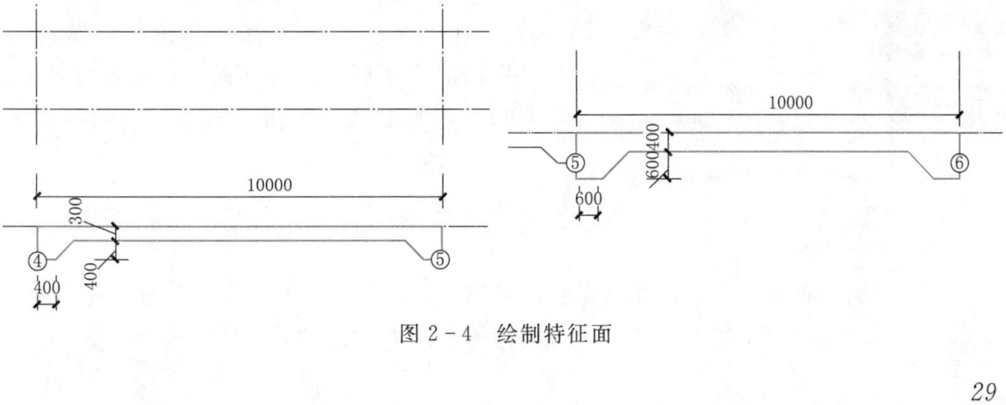

图2-4　绘制特征面

（4）添加铺盖材质。点击完成的模型，进入编辑界面，在项目浏览器里点击材质选项的“按类别”，在“材质浏览器”对话框中选择“混凝土”材质，点击“混凝土砌块”，完成材质添加，如图 2-6 所示。如果添加其他材质，可以点击“新建材质”，在“资源浏览器”中选择需要的材质进行添加，如图 2-7 所示。

图 2-5　铺盖三维模型

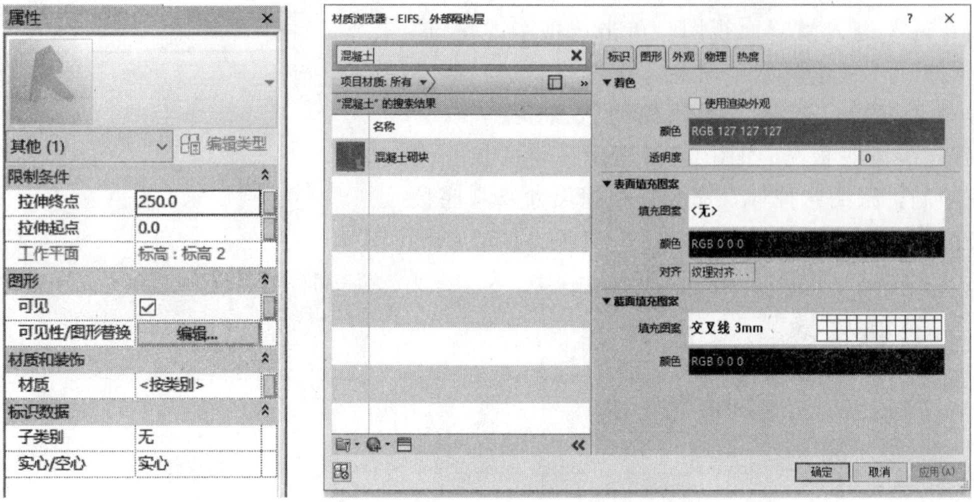

图 2-6　添加“混凝土”材质

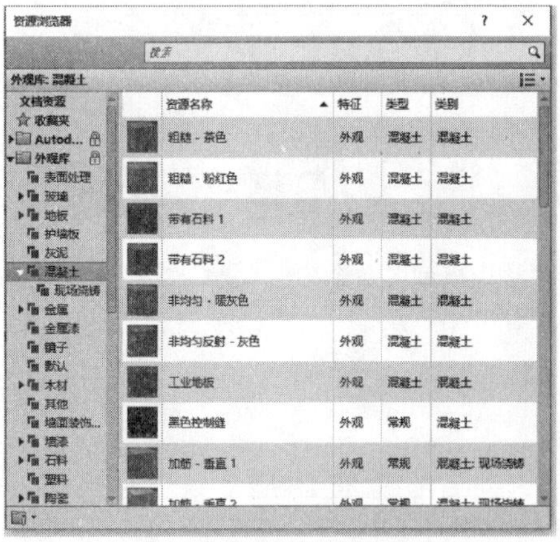

图 2-7　新建材质“资源浏览器”

2. 绘制上游护坡

（1）绘制上游护坡。上游护坡采用“内建模型”的“拉伸”命令进行绘制。转换视图到“西立面”，绘制护坡特征面，按尺寸绘制进行拉伸，完成上游护坡模型，如图 2-8、图 2-9 所示。

（2）绘制上游护坡台阶部分。上游护坡阶梯采用“空心拉伸”命令创建，转换视图为“西立面”，绘制台阶特征面。在绘制特征面时，可以采用复制或阵列的方式绘制，特征面的形状与尺寸如图 2-10 所示。采用“拉伸”命令，完成台阶三维模型，如图 2-11 所示。

3. 绘制上游翼墙

（1）创建圆弧翼墙。上游两侧圆弧翼墙采用“常规模型”的“放样”命令建模。绘制左岸圆弧翼墙，需要先绘制放样路径，再进行图形断面的绘制，如图 2-12、图 2-13 所示，完成左岸圆弧翼墙的创建。采用“镜像”命令完成右岸挡土墙，上游圆弧翼墙三维模型创建完成，如图 2－14 所示。

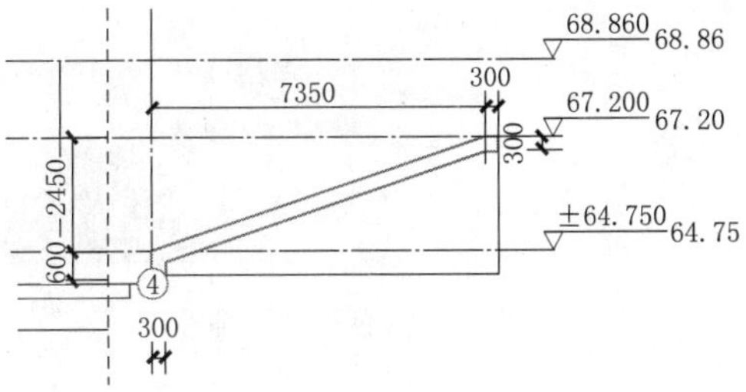

图 2－8　上游护坡特征面

图 2－9　上游护坡特征面

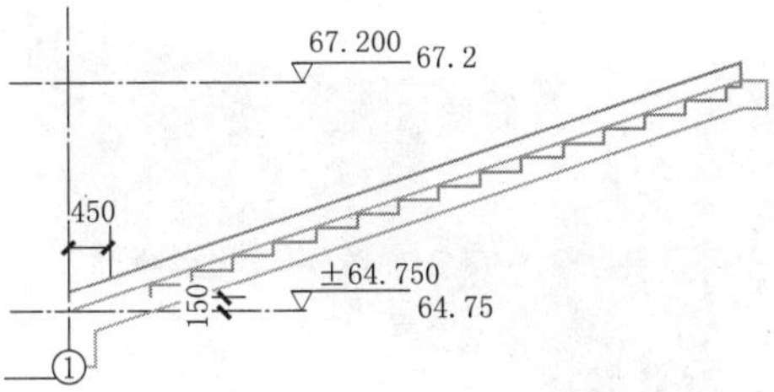

图 2－10　台阶特征面

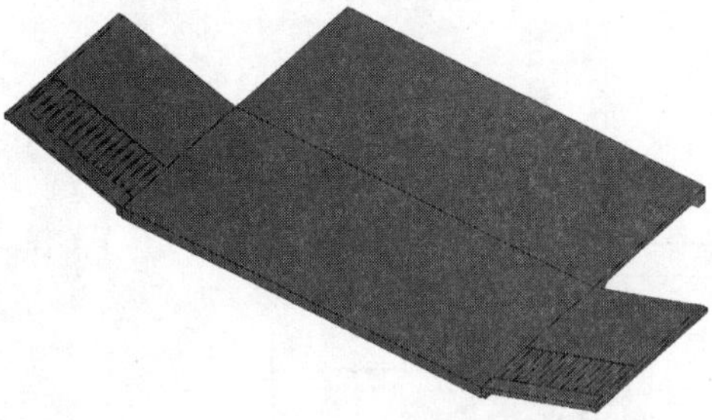

图 2－11　台阶三维模型

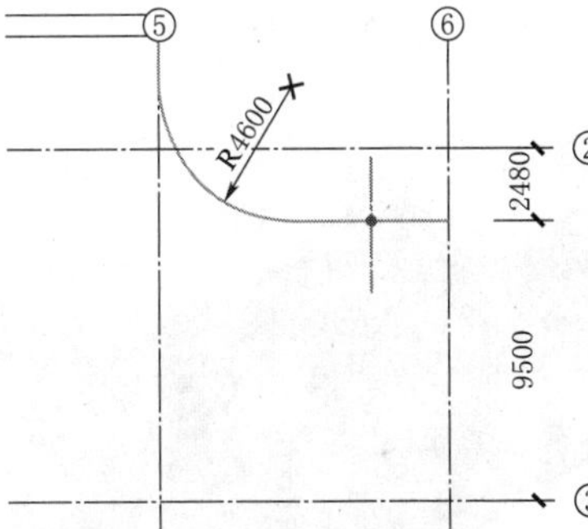

图 2－12　绘制上游圆弧翼墙放样路径

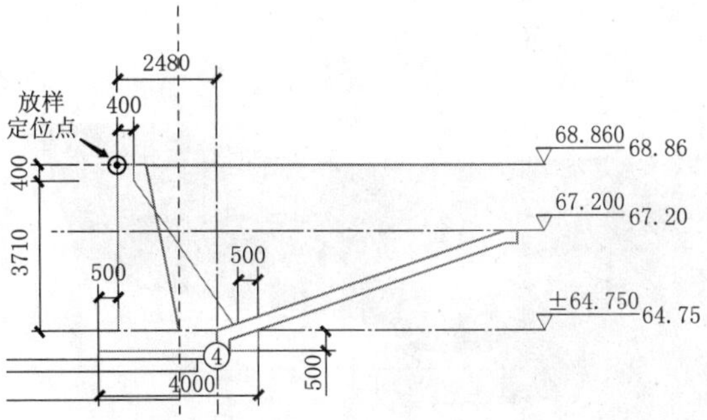

图 2－13　绘制上游圆弧翼墙断面

采用“空心拉伸”命令对底板多余部分进行剪切，如图 2－15 所示。采用“空心拉伸”命令时，需要注意进入模型编辑状态再进行操作。

点击“编辑轮廓”，用“拾取线”命令进行轮廓拾取，完成剪切，如图 2－16、图 2－17 所示。然后选择“取消剪切几何图形”命令，依次点击模型，对多剪的形体进行复原，如图 2－18、图 2－19 所示。

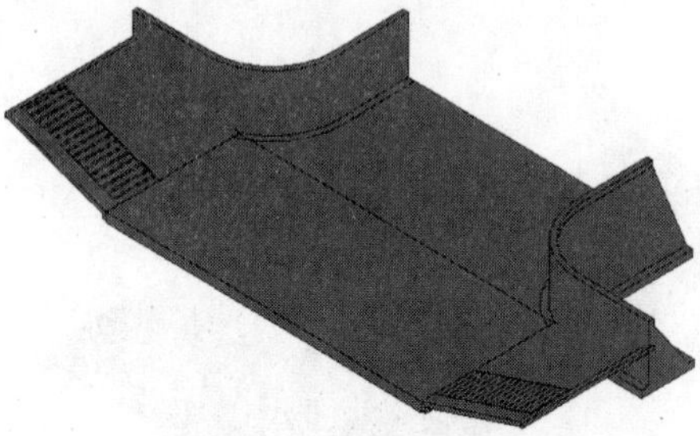

图 2-14　完成模型

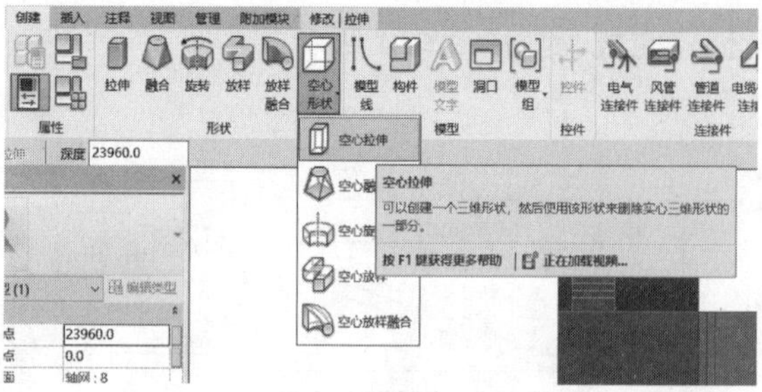

图 2-15　“空心拉伸”命令

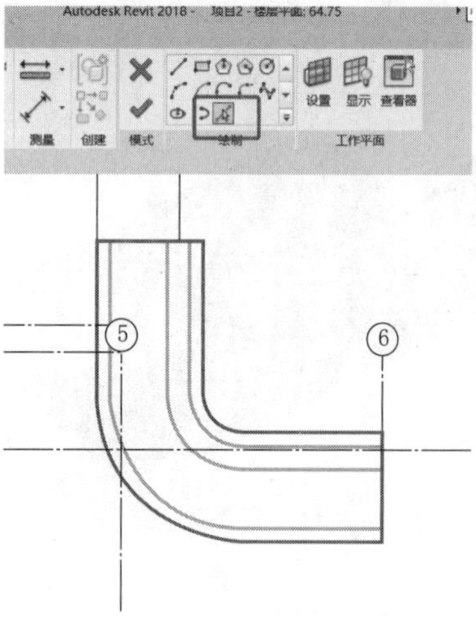

图 2-16　拾取轮廓线

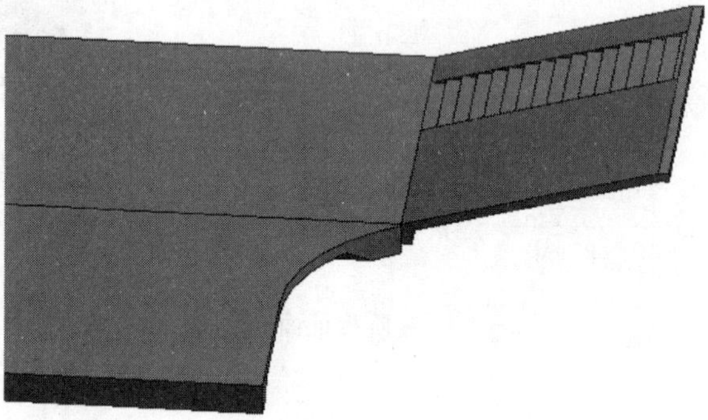

图 2-17　完成剪切

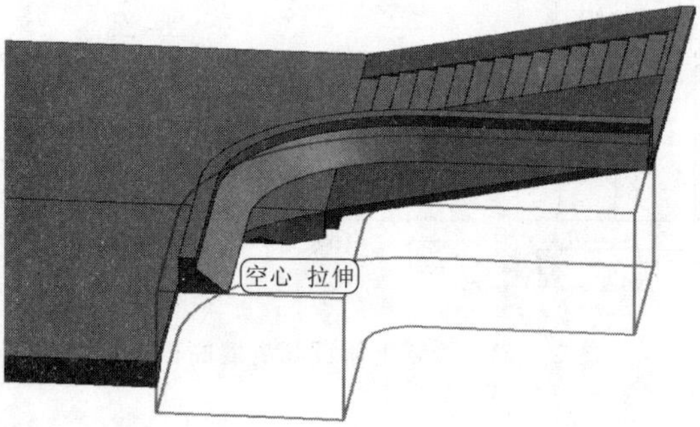

图 2-18　选择取消剪切几何模型

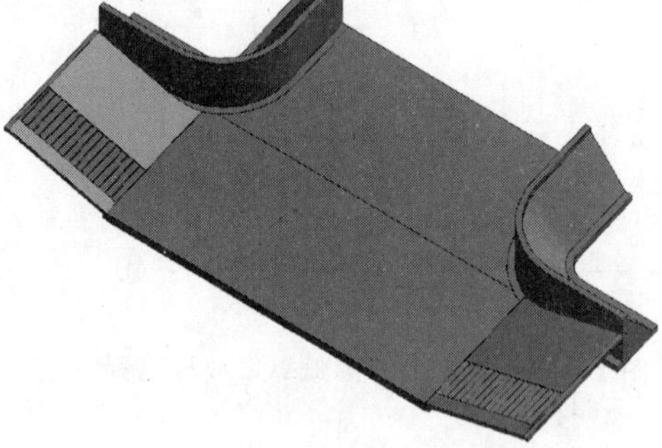

图 2-19　剪切后三维模型

（2）创建上游翼墙。同样采用“常规模型”的“拉伸”命令进行创建，上游翼墙特征面绘制如图 2-20 所示。按尺寸进行特征面拉伸，完成上游连接段模型，如图 2-21 所示。

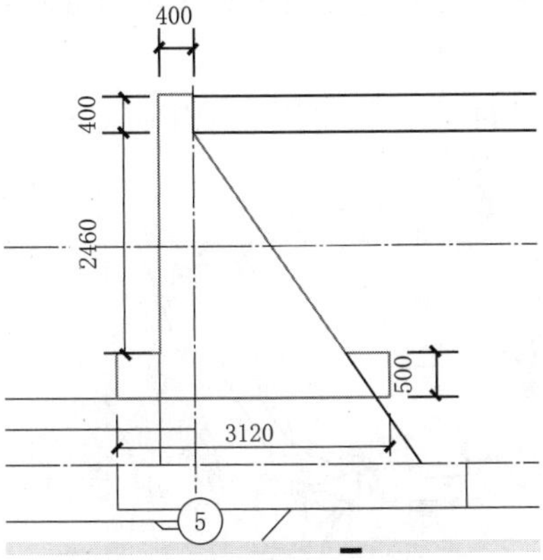

图 2-20 上游翼墙特征面绘制

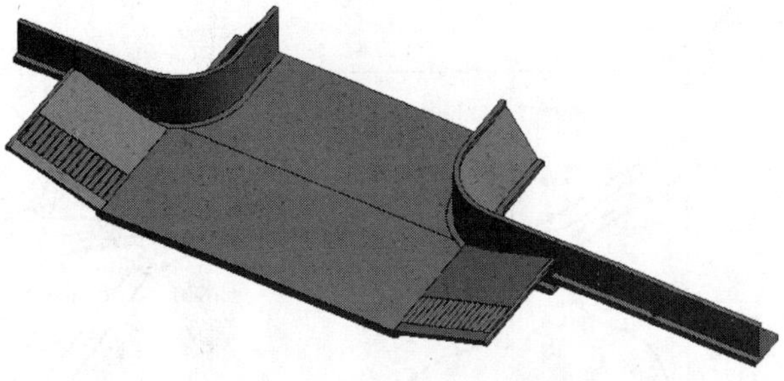

图 2-21 上游连接段三维模型

（七）评价反馈

评价包括学生自评（占50%）和教师评价（占50%）两部分，学生自评表见表2-3，教师评价表见表2-4。

表2-3 **学 生 自 评 表**

班 级		姓名		学号	
工作任务二	任务情景一 上游连接段建模				
评价项目	评 价 标 准			分值	得分
①上游铺盖、护底模型创建	识读图纸，快速准确创建模型			30	
②上游护坡模型创建	识读图纸，快速准确创建模型			30	
③上游翼墙模型创建	识读图纸，快速准确创建模型			40	
合 计				100	

表2-4 **教 师 评 价 表**

班级		姓名		学号	
工作任务二	任务情景一 上游连接段建模				
评价项目	评 价 标 准			分值	得分
①平时表现	出勤，课堂表现			40	
②成果评价	上游连接段模型成果			30	
③小组表现	团队合作完成任务			30	
	合 计			100	

（八）相关知识点——水闸简介

1. 水闸概述

水闸是一种低水头的水工建筑物，兼有挡水和泄水的作用，用以调节水位、控制流量，以满足水利事业的各种要求。

新中国成立以来，出于防洪、排涝、灌溉、挡潮以及供水、发电等多种目的，我国修建了上千座大中型水闸和难以数计的小型涵闸，这些水闸的建造和使用促进了工农业生产的不断发展，给国民经济带来了很大的效益。

水闸的种类很多，如图2-22所示。通常按其所承担的任务和闸室的结构形式来进行分类。

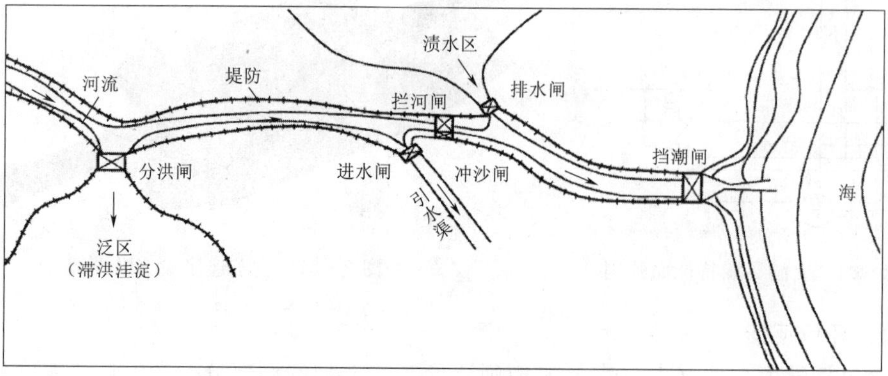

图2-22 水闸的类型及位置示意图

（1）按水闸所承担的任务分类。

1）节制闸（或拦河闸）。拦河或在渠道上建造，枯水期用以拦截河道，抬高水位，以利上游取水或航运要求；洪水期则开闸泄洪，控制下泄流量。位于河道上的节制闸称为拦河闸。

2）进水闸。建在河道、水库或湖泊的岸边，用来控制引水流量，以满足灌溉、发电或供水的需要。进水闸又称取水闸或渠首闸。

3）分洪闸。常建于河道的一侧，用来将超过下游河道安全泄量的洪水泄入预定的湖泊、洼地，及时削减洪峰，保证下游河道的安全。

4）排水闸。常建于江河沿岸，外河水位上涨时关闸以防外水倒灌，外河水位下降时开闸排水，排除两岸低洼地区的涝渍。该闸具有双向挡水的特点，有时具有双向过流的特点。

5）挡潮闸。建在入海河口附近，涨潮时关闸不使海水沿河上溯，退潮时开闸泄水。挡潮闸具有双向挡水的特点。

此外，还有为排除泥沙、冰块、漂浮物等而设置的排沙闸、排冰闸、排污闸等。

（2）按闸室结构形式分类。

1）开敞式水闸。闸室上面不填土封闭的水闸如图2-23（a）、（b）所示。一般有泄洪、排水、过木等要求时，多采用不带胸墙的开敞式水闸，如图2-23（a）所示，多用于拦河闸、排冰闸等；当上游水位变幅大，而下泄流量又有限制时，为避免闸门过高，常采用带胸墙的开敞式水闸，如进水闸、排水闸、挡潮闸多用这种形式，如图2-23（b）所示。

2）涵洞式水闸。闸（洞）身上面填土封闭的水闸如图2-23（c）所示，又称封闭式水闸，常用于穿堤取水或排水的水闸。洞内水流可以是有压的或者是无压的。

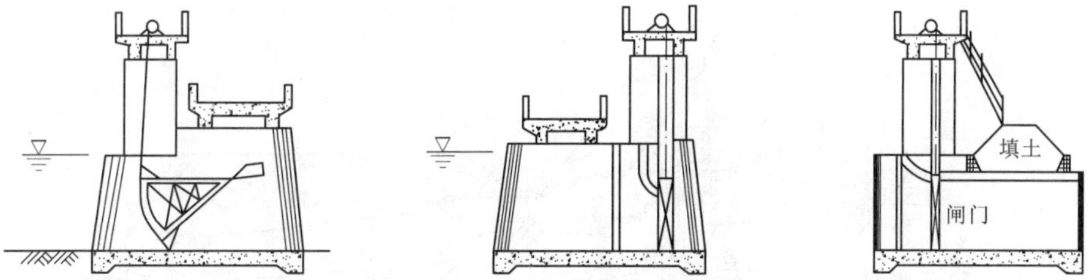

（a）不带胸墙开敞式　（b）带胸墙开敞式　（c）封闭式

图 2-23　闸室结构形式

（3）水闸的工作特点。

水闸既能挡水，又能泄水，且多修建在软土地基上，因而它在稳定、防渗、消能防冲及沉降等方面都有其自身的特点。

1）稳定方面。关门挡水时，水闸上、下游较大的水头差造成较大的水平推力，使水闸有可能沿基面产生向下游的滑动，为此，水闸必须具有足够的重力，以维持自身的稳定。

2）防渗方面。由于上下游水位差的作用，水将通过地基和两岸向下游渗流。渗流会引起水量损失，同时地基土在渗流作用下容易产生渗透变形，严重时闸基和两岸的土壤会被淘空，危及水闸安全。渗流对闸室和两岸连接建筑物的稳定不利，因此，应妥善进行防渗设计。

3）消能防冲方面。水闸开闸泄水时，在上、下游水位差的作用下，过闸水流往往具有较大的动能，流态也较复杂，而土质河床的抗冲能力较低，可能引起冲刷。此外，水闸下游常出现波状水跃和折冲水流，会进一步加剧对河床和两岸的淘刷。因此，设计水闸除应保证闸室具有足够的过水能力外，还必须采取有效的消能防冲措施，以防止河道产生有害的冲刷。

4）沉降方面。土基上建闸，由于土基的压缩性大，抗剪强度低，在闸室的重力和外部荷载作用下，可能产生较大的沉降影响正常使用，尤其是不均匀沉降会导致水闸倾斜，甚至断裂。在水闸设计时，必须合理地选择闸型、构造，安排好施工程序，采取必要的地基处理等措施，以减少过大的地基沉降和不均匀沉降。

（4）水闸的组成。

水闸通常由上游连接段、闸室段和下游连接段三部分组成，如图 2-24 所示。

1）上游连接段。上游连接段的主要作用是引导水流平稳地进入闸室，同时起防冲、防渗、挡土等作用。一般包括上游翼墙、铺盖、护底、两岸护坡及上游防冲槽等。上游翼墙的作用是引导水流平顺地进入闸孔并起侧向防渗作用。铺盖主要起防渗作用，其表面应满足抗冲要求。护坡、护底和上游防冲槽（齿墙）的作用是保护两岸护坡、河床及铺盖头部不受冲刷。

2）闸室段。闸室是水闸的主体部分，通常包括底板、闸墩、闸门、胸墙、工作桥及交通桥等。底板是闸室的基础，承受闸室全部荷载，并较均匀地传给地基，还有防冲、防渗等作用。闸墩的作用是分隔闸孔并支承闸门、工作桥等上部结构。闸门的作用是挡水和控制下泄水流。工作桥供安置启闭机和工作人员操作之用。交通桥的作用是连接两岸

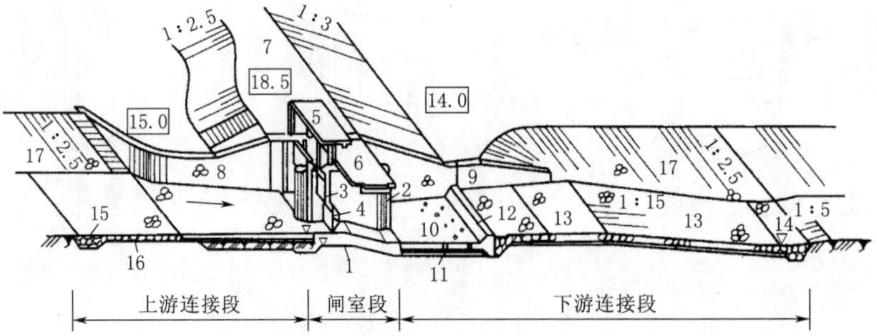

图 2-24 水闸的组成

1—闸室底板；2—闸墩；3—胸墙；4—闸门；5—工作桥；6—交通桥；7—堤顶；8—上游翼墙；9—下游翼墙；10—护坦；11—排水孔；12—消力坎；13—海漫

交通。

3）下游连接段。下游连接段具有消能和扩散水流的作用，一般包括护坦、海漫、下游防冲槽、下游翼墙及护坡等。下游翼墙引导水流均匀扩散兼有防冲及侧向防渗等作用。护坦具有消能防冲作用。海漫的作用是进一步消除护坦出流的剩余动能、扩散水流、调整流速分布、防止河床受冲。下游防冲槽是海漫末端的防护设施，避免冲刷向上游扩展。

2. 水闸的两岸连接建筑物

（1）连接建筑物的作用。

水闸与河岸或堤、坝等连接时，必须设置连接建筑物，包括上、下游翼墙和边墩（或边墩和岸墙），有时还设有防渗刺墙，其作用包括以下五个方面：

1）挡住两侧填土，维持土坝及两岸的稳定。

2）当水闸泄水或引水时，上游翼墙主要用于引导水流平顺进闸，下游翼墙使出闸水流均匀扩散，减少冲刷。

3）保持两岸或土坝边坡不受过闸水流的冲刷。

4）控制通过闸身两侧的渗流，防止与其相连的岸坡或土坝产生渗透变形。

5）在软弱地基上设有独立岸墙时，可以减少地基沉降对闸身应力的影响。

在水闸工程中，两岸连接建筑在整个工程中所占比重较大，有时可达工程总造价的15%～40%，闸孔越少，所占比重越大。因此，在水闸设计中，对连接建筑的形式选择和布置，应予以足够重视。

（2）连接建筑物的形式和布置。

1）闸室与河岸的连接形式。水闸闸室与两岸（或堤、坝等）的连接形式主要与地基及闸身高度有关。当地基较好，闸身高度不大时，可用边墩直接与河岸连接，如图 2-25（a）所示。

在闸身较高、地基软弱的条件下，如仍采用边墩直接挡土，由于边墩与闸身地基的荷载相差悬殊，可能产生不均匀沉降，影响闸门启闭，并在底板内产生较大的内力。此时，可在边墩外侧设置轻型岸墙，边墩只起支承闸门及上部结构的作用，而土压力全由岸墙承担，如图 2-25（b）所示。这种连接形式可以减少边墩和底板的内力，同时还可使作用在闸室上的荷载比较均衡，可减少不均匀沉降。当地基承载力过低时，可采用护坡岸墙的结构形式，如图 2－26 所示。其优点是边墩既不挡土，也不设岸墙挡土。因此，闸室边孔受力状态得到改善，适用于软弱地基；缺点是防渗和抗冻性能较差。为了挡水和防渗需要，在岸坡段设刺墙，其上游设防渗铺盖。

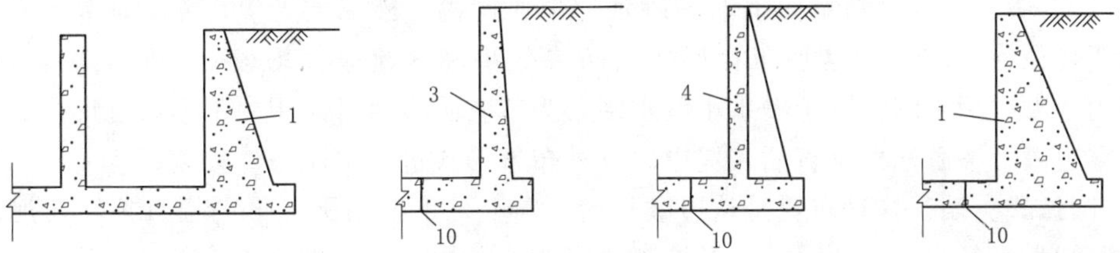

(a) 边墩直接挡土

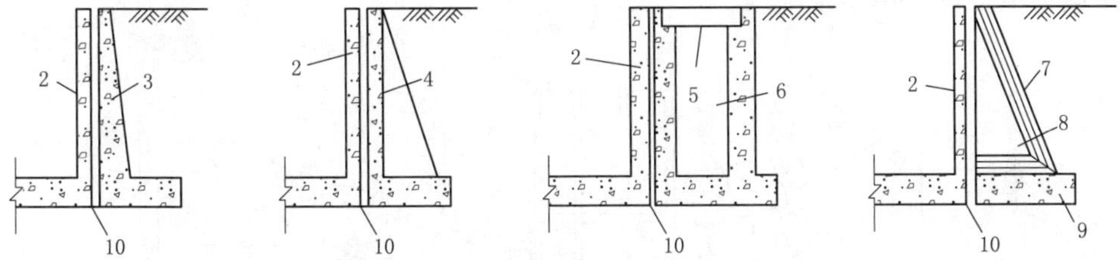

(b) 边墩外侧沿岸墙挡土

图 2－25　闸室与两岸或土坡的连接方式

1—重力式边墩；2—边墩；3—悬臂式边墩或岸墙；4—扶壁式边墩或岸墙；5—顶板；6—空箱式岸墙；7—连拱板；8—连拱式空箱支墩；9—连拱底板；10—沉降缝

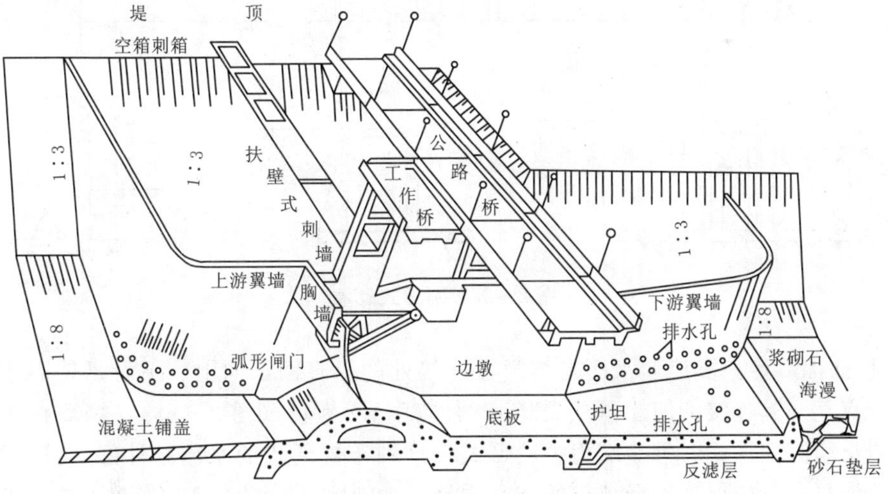

图 2－26　护坡连接式

2）翼墙的布置。上游翼墙应与闸室两端平顺连接，其顺水流方向的投影长度应大于或等于铺盖长度。

下游翼墙的平均扩散角每侧宜采用 7°～12°，其顺水流方向的投影长度不小于消力池长度。

上、下游翼墙的墙顶高程应分别高于上、下游最不利的运用水位。翼墙分段长度应根据结构和地基条件确定，可采用 15～20m。建筑在软弱地基或回填土上的翼墙分段长度可适当缩短。

翼墙平面布置通常有下列几种形式：

a）反翼墙。翼墙自闸室向上、下游延伸一段距离，然后转弯 90°插入堤岸，墙面铅直，转弯半径为 2～5m。这种布置形式的防渗效果和水流条件均较好，但工程量较大，一般适用于大中型水闸。对于渠系小型水闸，为节省工程量可采用一字形布置形式，即翼墙自闸室边墩上下游端即垂直插入堤岸。这种布置形式进出水流条件较差。

b）圆弧式翼墙。这种布置是从边墩开始，向上、下游用圆弧形的铅直翼墙与河岸连接。上游圆弧半径为 15～30m，下游圆弧半径为 30～40m，如图 2-27 所示。其优点是水流条件好，但模板用量大，施工复杂。适用于上下游水位差及单宽流量较大、闸室较高、地基承载力较低的大中型水闸。

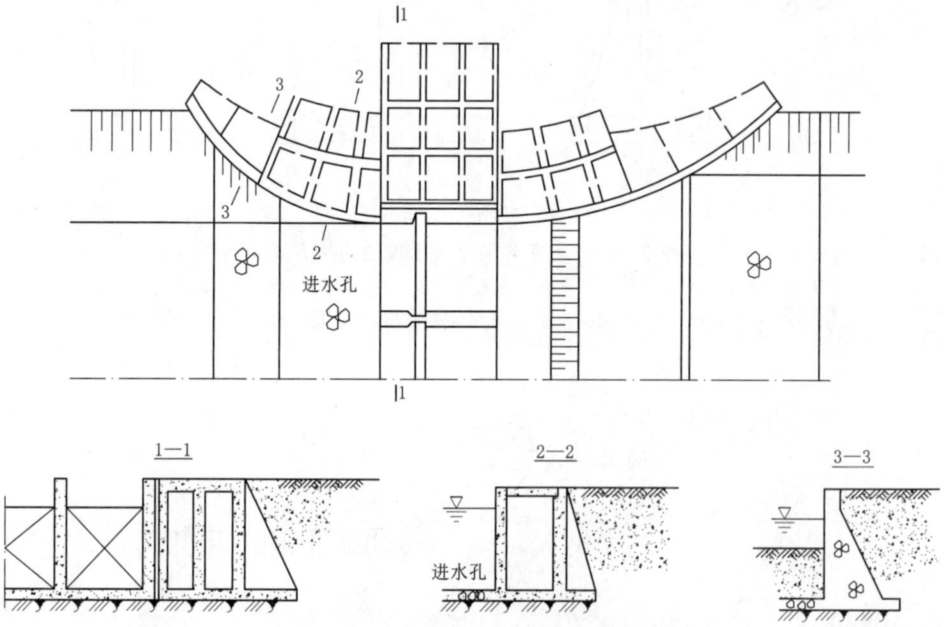

图 2-27 圆弧式翼墙

c）扭曲面翼墙。翼墙迎水面是与闸墩连接处的铅直面，向上、下游延伸而逐渐变为倾斜面，直至与其连接的河岸（或渠道）的坡度相同为止（图 2-28）。翼墙在闸室端为重力式挡土墙断面形式，另一端为护坡形式。这种布置形式的水流条件好，且工程量小，但施工较为复杂，应保证墙后填土的夯实质量，否则容易断裂。这种布置形式在渠系工程中应用较广。

d）斜降翼墙。在平面上呈八字形，随着翼墙向上、下游延伸，其高度逐渐降低，至末端与河底齐平，如图 2-29 所示。这种布置的优点是工程量省，施工简单，但防渗条件差，泄流时闸孔附近易产生立轴漩涡，冲刷河岸或坝坡，一般用于较小水头的小型水闸。

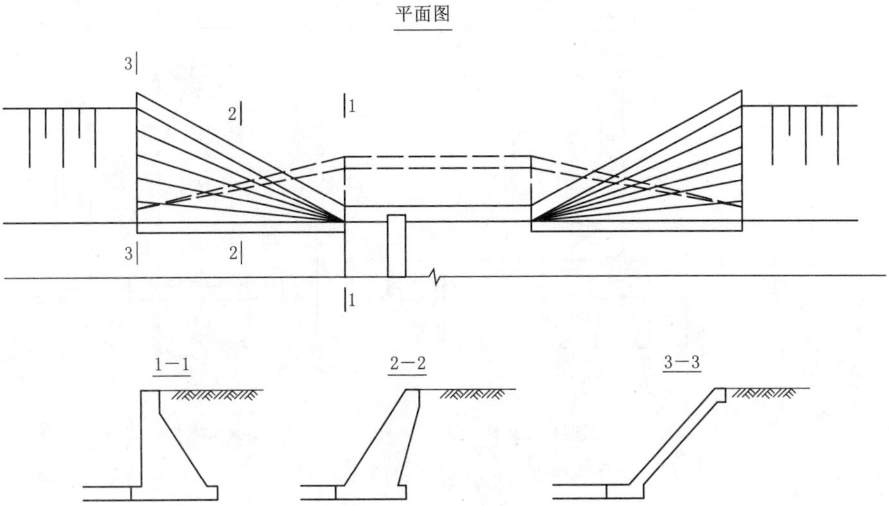

图 2-28　扭曲面翼墙

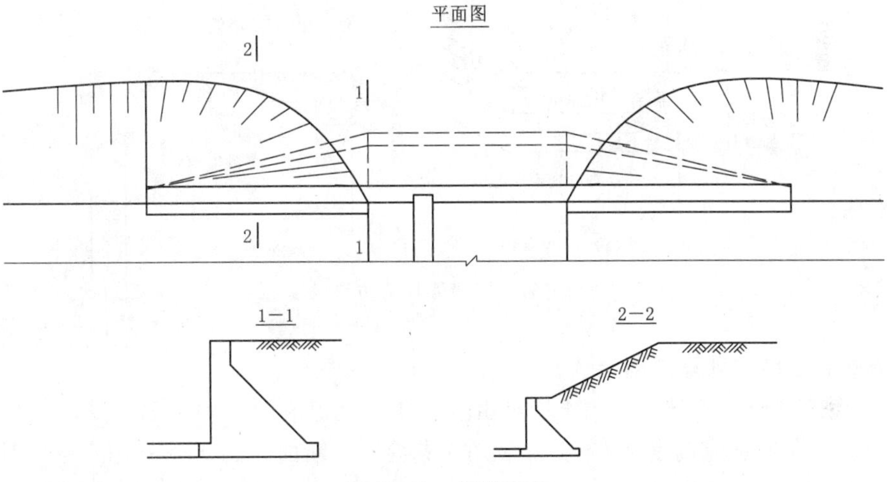

图 2-29　斜降翼墙

(3) 两岸连接建筑物的结构形式。

两岸连接建筑物从结构观点分析属于挡土墙。常用的型式有重力式、悬臂式、扶壁式、空箱式及连拱空箱式等。

1) 重力式挡土墙。重力式挡土墙主要依靠自身的重力维持稳定（图 2-30）。常用混凝土和浆砌石建造。由于挡土墙的断面尺寸大，材料用量多，建在土基上时，其墙高一般不宜超过 5～6m。

重力式挡土墙顶宽一般为 0.4～0.8m，边坡系数 m 为 0.25～0.5，混凝土底板厚 0.5～0.8m，两端悬出 0.3～0.5m，前趾常需配置钢筋。

为了提高挡土墙的稳定性，墙顶填土面应设防渗（图 2-31）；墙内设排水设施，如图 2-32 所示，以减少墙背面的水压力。排水设施可采用排水孔［图 2-32 (a)］或排水暗管［图 2-32 (b)］。

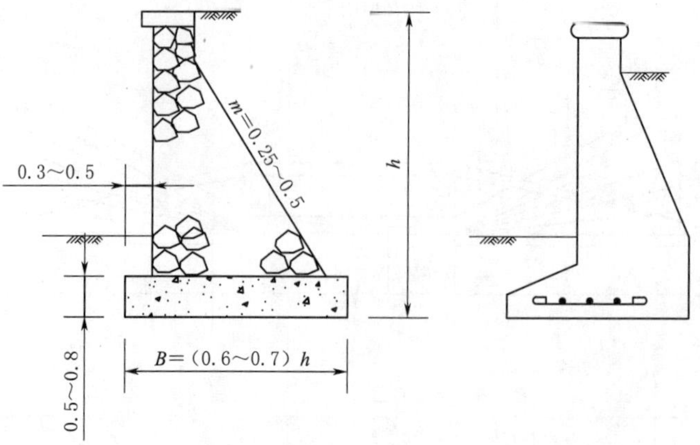

（a）浆砌石挡土墙　　（b）混凝土挡土墙

图 2-30　重力式挡土墙

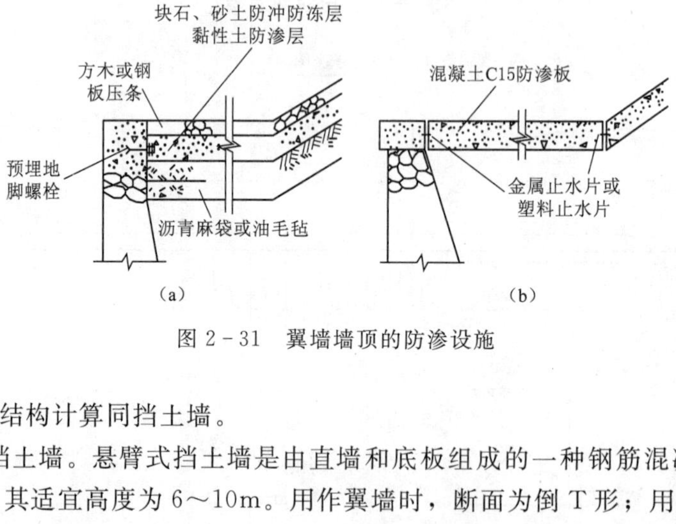

（a）　　（b）

图 2-31　翼墙墙顶的防渗设施

重力式翼墙结构计算同挡土墙。

2）悬臂式挡土墙。悬臂式挡土墙是由直墙和底板组成的一种钢筋混凝土轻型挡土结构（图 2-33），其适宜高度为 6～10m。用作翼墙时，断面为倒 T 形；用作岸墙时，则为 L 形。这种翼墙具有厚度小、自重轻等优点，它主要是利用底板上的填土维持稳定。

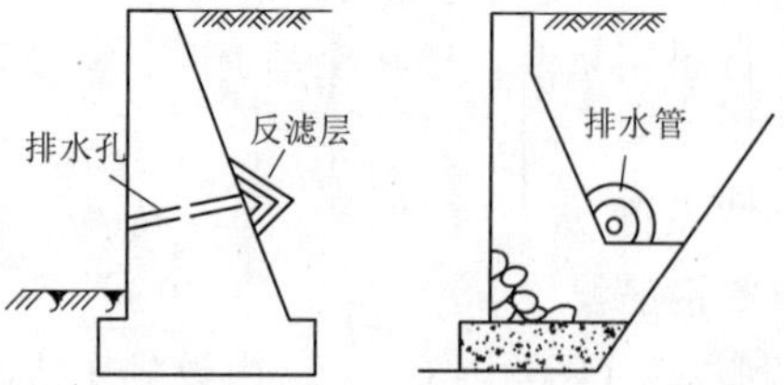

（a）排水孔　　（b）排水暗管

图 2-32　挡土墙的排水

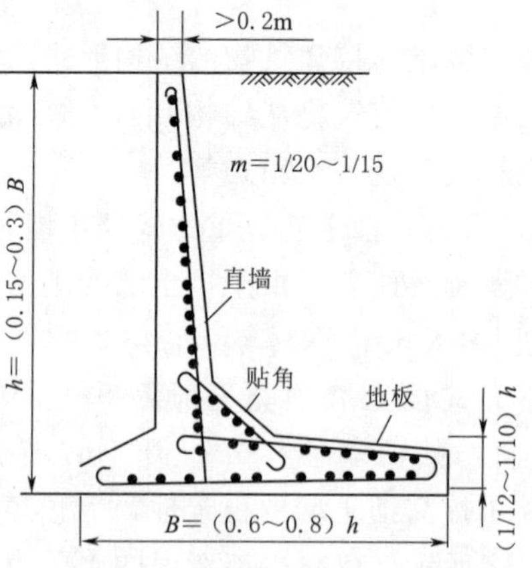

图 2-33　悬臂式挡土墙剖面图

底板宽度由挡土墙稳定条件和基底压力分布条件确定。调整后踵长度，可以改善稳定条件；调整前趾长度，可以改善基底压力分布。直墙和底板近似按悬臂板计算。

3）扶壁式挡土墙。当墙的高度超过 9～10m 以后，采用钢筋混凝土扶壁式挡土墙较为经济。扶壁式挡土墙由直墙、底板及扶壁三部分组成，如图 2－34 所示。利用扶壁和直墙共同挡土，并可利用底板上的填土维持稳定，当改变底板长度时，可以调整合力作用点位置，使地基反力趋于均匀。

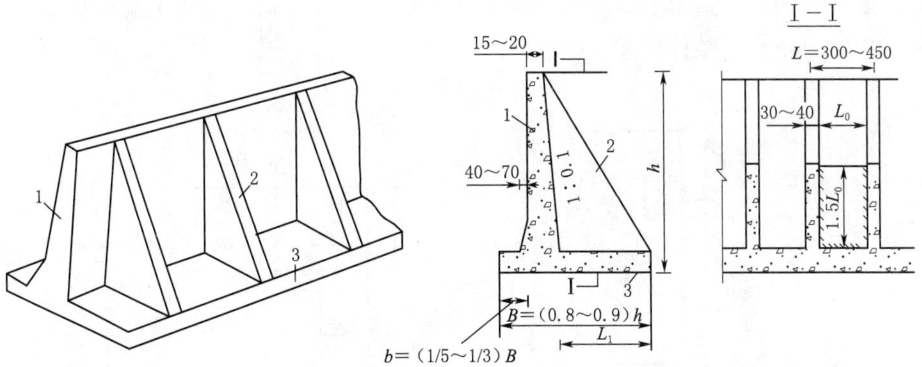

图 2－34　扶壁式挡土墙（单位：cm）
1—直墙；2—扶壁；3—底板

钢筋混凝土扶壁间距一般为 3～4.5m，扶壁厚度 0.3～0.4m；底板用钢筋混凝土建造，其厚度由计算确定，一般不小于 0.4m；直墙顶端厚度不小于 0.2m，下端由计算确定。悬臂段长度 b 为（1/5～1/3）B。直墙高度在 6.5m 以内时，直墙和扶壁可采用浆砌石结构，直墙顶厚 0.4～0.6m，临土面可做成 1∶0.1 的坡度；扶壁间距 2.5m，厚 0.5～0.6m。

4）空箱式挡土墙。空箱式挡土墙由底板、前墙、后墙、扶壁、顶板和隔板等组成，如图 2－35 所示。利用前后墙之间形成的空箱充水或填土可以调整地基应力。因此，它具有重力小和地基应力分布均匀的优点，但其结构复杂，需用较多的钢筋和木材，施工麻

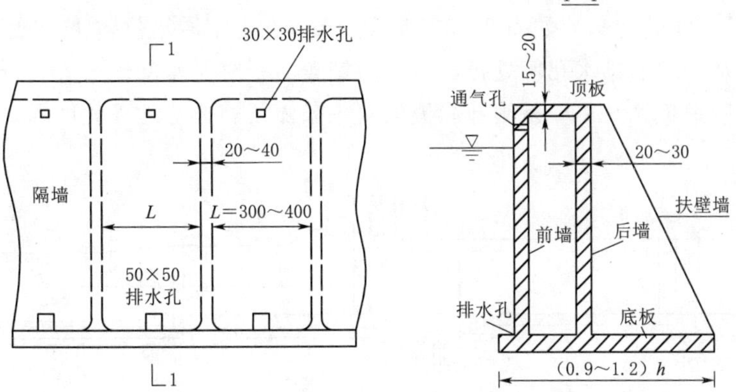

图 2－35　空箱式挡土墙（单位：cm）

烦，造价较高。故仅在某些地基松软的大中型水闸中使用，在上下游翼墙中基本上不再采用。

5）连拱空箱式挡土墙。连拱空箱式挡土墙也是空箱式挡土墙的一种形式，它由底板、前墙、隔墙和拱圈组成，如图 2-36 所示。前墙和隔墙多采用浆砌石结构，底板和拱圈一般为混凝土结构。拱圈净跨一般为 2～3m，矢跨比常为 0.2～0.3，厚度为 0.1～0.2m。拱圈的强度计算可选取单宽拱条，按支承在隔墙（扶壁）上的两铰拱进行计算。连拱式挡土墙的优点是省钢筋、造价低、重力小，适用于软土地基。缺点是挡土墙在平面布置上需转弯时施工较为困难，整体性差。

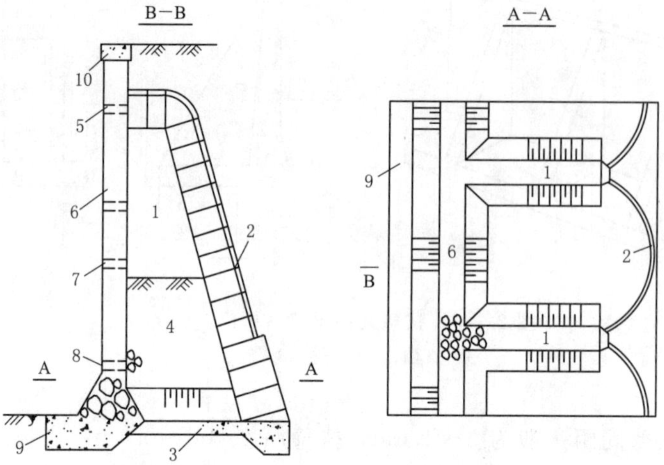

图 2-36　连拱空箱式挡土墙

1—隔墙；2—预制混凝土拱圈；3—底板；4—填土；5—通气孔；6—前墙；7—进水孔；8—排水孔；9—前趾；10—盖顶

3. 水闸的防渗排水

水闸的防渗排水设计任务在于经济合理地拟定闸的地下（及两岸）轮廓线形式和尺寸，以消除和减小渗流对水闸产生的不利影响，防止闸基和两岸产生渗透破坏。

（1）地下轮廓线。

1）地下轮廓线的定义。如图 2-37 所示，水流在上下游水位差 H 作用下，经地基向下游渗透，并从护坦的排水孔等处排出。上游铺盖、板桩及水闸底板等不透水部分与地基的接触线，即图中折线 0～16 是闸基渗流的第一条流线，亦称地下轮廓线，其长度称为闸基防渗长度。

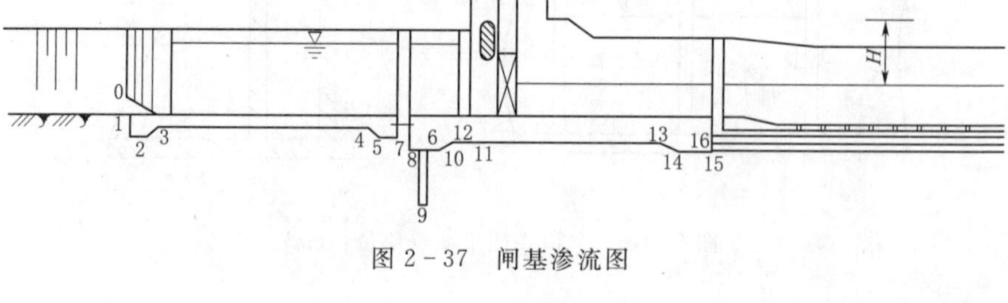

图 2-37　闸基渗流图

2）不同地基地下轮廓线的布置。闸基防渗长度初步确定后，可根据地基特性，参考已建的工程经验进行闸基地下轮廓线布置。

防渗设计一般采用防渗与排水相结合的原则，即在高水位侧采用铺盖、板桩、齿墙等防渗设施，用以延长渗径减小渗透坡降和闸底板下的渗透压力；在低水位侧设置排水设施，如面层排水、排水孔或减压井与下游连通，使地基渗水尽快排出，以减小渗透压力，并防止在渗流出口附近发生渗透变形。

地下轮廓布置与地基土质有密切关系，现分述如下：

a）黏性土地基。黏性土壤具有凝聚力，不易产生管涌，但摩擦系数较小。因此，布置地下轮廓时，排水设施可前移到闸底板下，以降低底板下的渗透压力并有利于黏土加速固结（图 2-38），以提高闸室稳定性。防渗措施常采用水平铺盖，而不用板桩，以免破坏黏土的天然结构，在板桩与地基间造成集中渗流通道。

黏性土地基内夹有承压透水层时，应考虑设置垂直排水，如图 2-38（b）所示，以便将承压水引出。

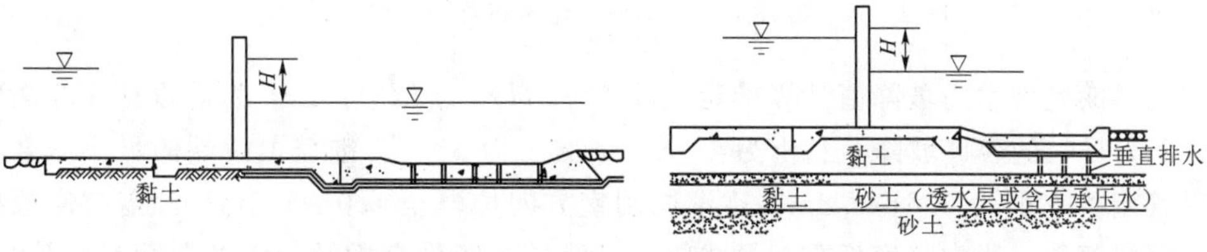

（a）黏性地基　　（b）黏性地基夹有透水砂层

图 2-38　黏性土地基上地下轮廓布置图

b）砂性土地基。砂性土粒间无黏着力，易产生管涌，要求防止渗透变形是其考虑的主要因素；砂性土摩擦系数较大，对减小渗透压力要求相对较小。当砂层很厚时，可采用铺盖与板桩相结合的形式，排水设施布置在护坦上，如图 2-39（a）所示。必要时，在铺盖前端再加设一道短板桩，以加长渗径；当砂层较薄，下面有不透水层时，可将板桩插入不透水层，如图 2-39（b）所示；当地基为粉细砂土基时，为了防止地基液化，常将闸基四周用板桩封闭起来，图 2-39（c）是江苏某挡潮闸防渗排水的布置方式。因其受双向水头作用，故水闸上下游均设有排水设施，而防渗设施无法加长。设计时应以水头差较大的一边为主，另一边为辅，并采取除降低渗压以外的其他措施，提高闸室的稳定性。

（2）防渗及排水设施构造。

防渗设施是指构成地下轮廓的铺盖、板桩及齿墙，而排水设施则是指铺设在护坦、浆砌石海漫底部或闸底板下游段起导渗作用的砂砾石层。排水常与反滤层结合使用。

1）铺盖。铺盖主要用来延长渗径，应具有相对的不透水性；为适应地基变形，也要有一定的柔性。铺盖常用黏土、黏土壤或沥青混凝土做成，有时也可用钢筋混凝土作为铺盖材料。

a）黏土和黏壤土铺盖。铺盖的渗透系数应小于地基土的渗透系数 1/100。铺盖的长度应由闸基防渗需要确定，一般采用上、下游最大水位差的 3～5 倍。铺盖的厚度 δ 应根

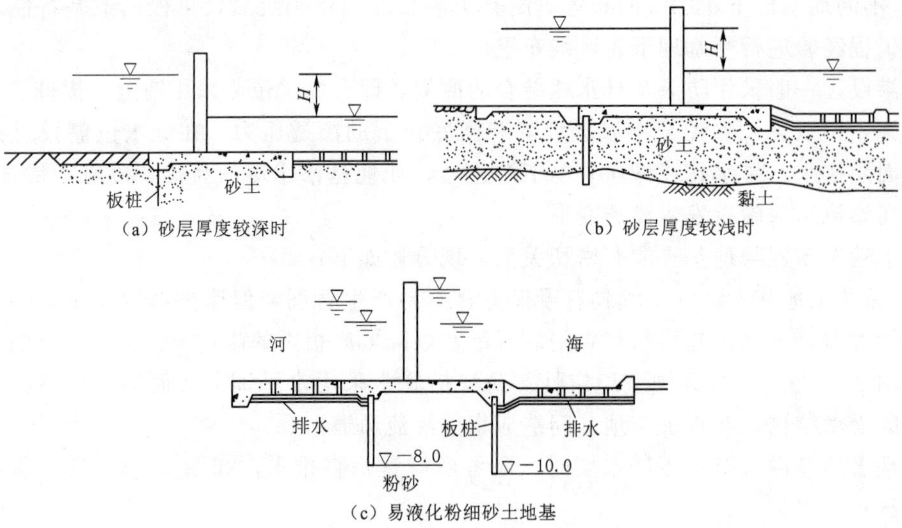

图 2-39 砂性土地基上地下轮廓布置图（单位：m）

据铺盖土料的允许水力坡降值计算确定，即 $\delta=\Delta H/J$，其中，ΔH 为铺盖顶、底面的水头差，J 为材料的容许坡降，黏土为 4～8，黏壤土为 3～5。铺盖上游端的最小厚度由施工条件确定，一般为 0.6～0.8m，逐渐向闸室方向加厚至 1.0～1.5m。铺盖与底板连接处为一薄弱部位，通常将底板前端做成斜面，使黏土能借自重及其上的荷载与底板紧贴，在连接处铺设油毛毡等止水材料，一端用螺栓固定在斜面上，另一端埋入黏土铺盖中。为了防止铺盖在施工期遭受破坏和运行期间被水流冲刷，应在其表面先铺设砂垫层，然后再铺设单层或双层块石护面。

b）混凝土、钢筋混凝土铺盖。如当地缺乏黏性土料，或以铺盖兼作阻滑板增加闸室稳定时，可采用混凝土或钢筋混凝土铺盖。其厚度一般为 0.4～0.6m，与底板连接处应加厚至 0.8～1.0m。铺盖与底板、翼墙之间用沉降缝分开。铺盖本身亦应设温度沉降缝，缝距为 15～20m，靠近翼墙的缝距应小一些，缝中均应设止水。混凝土强度等级为 C15，配置温度和构造钢筋。对于要求起阻滑作用的铺盖，应按受力大小配筋。

用沥青混凝土作铺盖材料效果很好，首先是防渗性能好，渗透系数可达 10^{-3}～10^{-5}cm/s，几乎不透水；其次是有较好的柔性，可适应地基变形，造价也较低。铺盖厚度约为 10cm，但是在与闸底板连接处仍然需要适当加厚。

c）土工膜铺盖。目前使用的防渗土工膜有聚乙烯膜、聚氯乙烯膜等，代替了过去使用的聚氯乙烯沥青膜。防渗土工膜的厚度一般不宜小于 0.5mm。在敷设土工膜时，应排除膜下积水、积气，同时在膜上铺设保护层，可采用水泥砂浆、砌石或预制混凝土块进行防护。

2）板桩。板桩的作用随其位置不同而不同。一般设在闸底板上游端或铺盖前端，主要用以降低渗透压力，有时也设在底板下游端，以减小出口段坡降或出逸坡降，但一般不宜过长，否则将过多地加大底板所受的渗透压力。

打入不透水层的板桩，嵌入深度不应小于 1.0m。如透水层很深，则板桩长度视渗流分析结果和施工条件而定，一般采用水头的 0.6～1.0 倍。

板桩材料有木材、钢筋混凝土和钢材三种。木板桩长一般为 3～5m，最大 8m，厚 8～12cm，适用于砂土地基。钢筋混凝土板桩，多为现场预制，长 4～6m，宽 50～60cm，厚 10～50cm，适用于各种非岩石地基。板桩顶端与闸室底板的连接形式有两种：一种是把板桩紧靠底板前缘，顶部嵌入黏土铺盖一定深度，如图 2-40（a）所示，另一种是把板桩顶部嵌入底板底面特设的凹槽内，桩顶填塞可塑性较大的不透水材料，如图 2-40（b）所示。前者适用于闸室沉降量较大，而板桩尖已插入坚实土层的情况；后者则适用于闸室沉降量小，而板桩尖未达到坚实土层的情况。

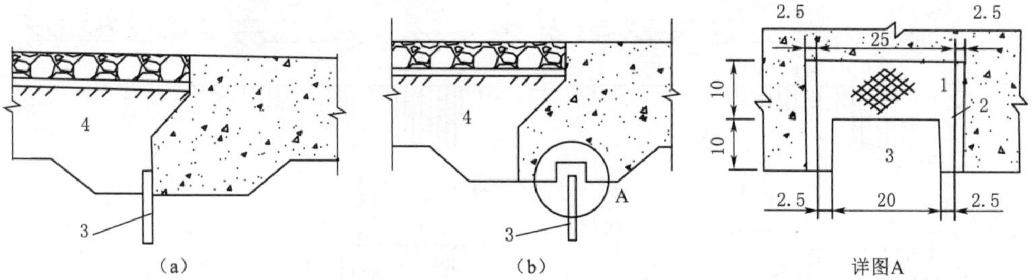

图 2-40　板桩与底板的连接

1—沥青；2—预制挡板；3—板桩；4—铺盖

3）齿墙。齿墙有浅齿墙和深齿墙两种。浅齿墙常设在闸室底板上下游两端及铺盖起始处。底板两端的浅齿墙均用混凝土或钢筋混凝土做成，深度一般为 1.5～1.8m。这种齿墙既能延长渗径，又能增加闸室抗滑稳定性。深齿墙常用于如下情况：①当水闸在闸室底板后面紧接斜坡段，并与原河道连接时，在与斜坡段连接处的底板下游侧采用深齿墙（墙深大于 1.5m），其作用主要是防止斜坡段冲坏后危及闸室安全；②当闸基透水层较浅时，可用深齿墙截断透水层，此时，齿墙可用混凝土、钢筋混凝土或黏性土等材料，齿墙底部需插入不透水层 0.5～1.0m；③在小型水闸中，有时为了增加渗径和抗滑稳定性也使用深齿墙。

4）灌浆帷幕。岩基上水闸的防渗设施是在基底设置灌浆帷幕，其灌浆孔宜设单排，孔距宜取 1.5～3.0m，孔深宜取闸上最大水深的 0.3～0.7 倍。灌浆应在有一定厚度混凝土盖重及固结灌浆后进行。灌浆压力应以不掀动基础岩体为原则，通过灌浆试验确定。

5）垂直土工膜。土工膜应用于垂直防渗体首先出现在福建省，山东、江苏等省加以改进和发展，目前最深开槽深度已达 16m。当地基符合以下条件时，要采用土工膜垂直防渗方案：①透水层深度一般在 12m 以内；②透水层中粒径大于 5cm 的颗粒含量不超过 10%（以重量计），少量大石头的最大粒径不超过 15cm，或不超过开槽设备允许的尺寸；③透水层中水位应能满足泥浆的固壁要求。

垂直土工膜防渗材料可选用聚乙烯土工膜或防水塑料板等，土工膜厚度不宜小于 0.25cm。重要工程可采用复合土工膜，其厚度不宜小于 0.5cm。

6）排水设施。在闸空下游侧的地基上需设置排水设施（包括排水孔、排水井、反滤层、垫层及排水孔等）。将闸基中的渗水安全地排到下游，以减小渗透压力，增加闸室稳定性。为此要求排水设施应有良好的透水性，并与下游畅通；同时能够有效地防止地基土产生渗透变形。

排水的位置直接影响渗透压力的大小和分布。排水起点位置越往闸室底板上游端移动，作用在底板下的渗透出力就越小。这种布置虽然缩短了渗径，但由于防渗要求必须满足一定长度，因此相应地要加长铺盖等防渗设施；同时，底板下的排水在长期运用过程中，也有可能被渗水带来的泥沙淤塞，检修甚难，设计与施工时均需重视。工程中常用的排水布置如图 2-41 所示。

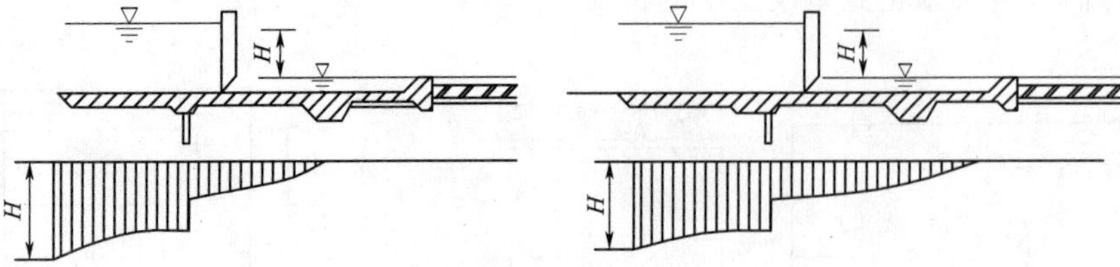

(a) 平铺式排水

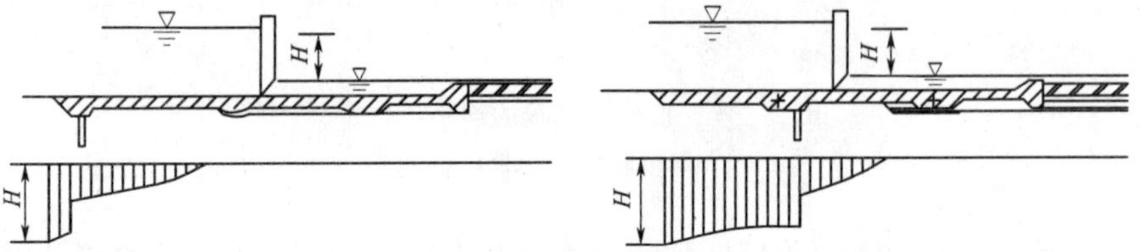

(b) 铅直式排水

图 2-41　排水布置图

排水形式有平铺式和铅直式两种。

a) 平铺式排水是常用的一种形式，即在地基表面铺设滤层或垫层，在消力池底部设排水孔，让渗透水流与下游畅通。设置滤层是防止地基土产生渗透变形的关键性措施，滤层终点的渗透坡降必须小于地基土在无滤层保护时的容许坡降。应以此原则来确定滤层铺设长度。

b) 铅直式排水（排水井）。反滤层常由 2～3 层不同粒径的石料（砂、砾石、卵石或碎石）组成，每层厚度可在 20～30cm。层面大致与渗流方向正交，其颗径则顺着渗流方向由细到粗进行排列。在黏土地基上，由于黏土颗径有较大的黏结力，不易产生管涌，因而对滤层级配的要求可以低些，常铺设 1～2 层。

(3) 侧向绕渗防渗措施。

水闸建成挡水后，除闸基渗流外，渗流还从上游高水位绕过翼墙、岸墙和刺墙等流向下游，称为侧向绕渗。绕渗对翼墙、岸墙施加水压力，影响其稳定性；在渗流出口处，以及填土与岸、翼墙的接触面上可能产生渗透变形。因此，应做好侧向防渗排水设施。

侧向防渗排水布置（包括刺墙、板桩、排水井等）应根据上、下游水位、墙体材料和墙后土质以及地下水位变化等情况综合考虑，并应与闸基的防渗排水布置相适应，使其在空间上形成防渗整体。若铺盖长于翼墙，在岸坡上也应设铺盖，或在伸出翼墙范围的铺盖侧部加设垂直防渗措施，以保证铺盖的有效防渗长度，防止在空间上形成防渗漏洞。防渗设备除利用翼墙和岸墙外，还可根据需要，在岸墙或边墩后面靠近上游处增设板桩或刺墙，以增加侧向渗径。刺墙与边墩或岸墙之间需要用沉陷缝分开，缝中设止水设备。为避免填土与边墩、翼墙的接触面上产生集中渗流，常需设一些短的刺墙，并使边墩与翼墙的挡水面稍成倾斜，使填土借自重紧压在墙背上。为排除渗水，单向水头的水闸可在下游翼墙和护坡上设置排水设施。排水设施多种多样，可根据墙后回填土的性质选用不同的形式，例如：

1）排水孔。在稍高于地面的下游墙上，每隔 2～4m 留一直径 5～10cm 的排水孔，以排除墙后的渗水。这种布置适用于透水性较强的砂性回填土，如图 2-42（a）所示。

2）连续排水垫层。在墙背上覆盖一层用透水材料做成的排水垫层，使渗水经排水孔排向下游，如图 2-42（b）所示，这种布置适用于透水性很差的黏性回填土。连续排水垫层也可沿开挖边坡铺设，如图 2-42（c）所示。

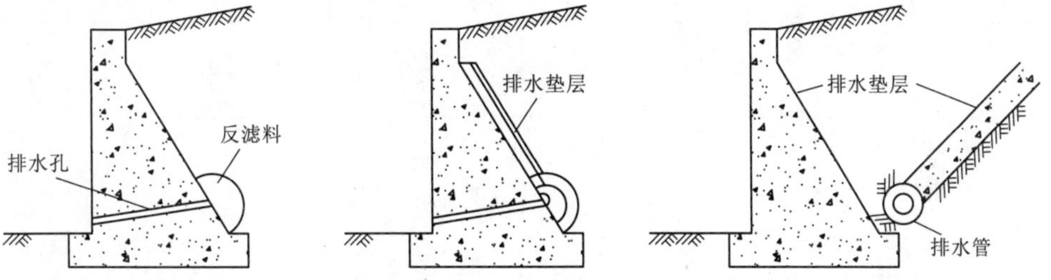

图 2-42　下游翼墙后的排水设施

任务情景二　闸室段建模

（一）工作任务

闸室是水闸的主体部分，通常包括底板、闸墩、闸门、胸墙、工作桥及交通桥等。底板是闸室的基础，承受闸室全部荷载，并较均匀地传给地基，还有防冲、防渗等作用；闸墩的作用是分隔闸孔并支承闸门、工作桥等上部结构。闸门的作用是挡水和控制下泄水流；工作桥供安置启闭机和工作人员操作之用；交通桥的作用是连接两岸交通。朱曲节制闸闸室顺水流方向闸孔长 12m，底板厚 1.0m。分 5 孔，每孔净宽 3m，闸孔总净宽 15m，中墩厚 1.0m，边墩厚 0.7m。闸墩顶部高程 68.860m，闸墩上部设置排架，排架高度 3.5m，排架上设置工作桥和砖混结构启闭机房，闸室两岸设置砖混结构桥头堡。交通桥布置在闸室下游侧，桥面净宽 4.5m，总宽 5.1m。检修便桥布置在闸室工作桥上游侧，总宽 1.4m，净宽 0.8m，钢筋混凝土板式结构。在工作桥的两端各设置一座桥头堡，平面尺寸为 3.3m×5.0m。工作桥上布置启闭机室，宽 3.5m。节制闸上所有的栏杆均采用高 1.0m 的仿木栏杆。该部分的工作任务是采用 Revit 软件创建朱曲节制闸闸室段的三维模型。

（二）工作目标

该任务的工作目标包括知识目标、技能目标和思政目标，见表 2-5。

表 2-5　　闸室段建模工作目标

任务情景二　闸室段建模	
知识目标	掌握应用 Revit 软件创建水闸闸室段模型的方法和技巧
技能目标	具有应用 Revit 软件创建水闸闸室段模型的能力
思政目标	主动学习、团队协作、作图规范、实践精神

（三）任务分组

按照表 2-6 填写任务分组名单。

表 2-6　　学生任务分组表

组号		班级		指导老师	
组长		学号			
组员					
任务分工					

（四）引导问题

（1）节制闸闸室段的构成部分及各部分的作用是什么？

（2）节制闸闸室段的各部分的尺寸是多少？

（3）节制闸的闸室段建模采用什么方法？

(4) 节制闸的闸室段建模中采用 Revit 的哪些命令？这些命令的操作技巧是什么？

(五) 工作计划

(1) 节制闸的闸室段底板建模。

(2) 节制闸的闸室段闸墩建模。

(3) 节制闸的闸室段闸门建模。

(4) 节制闸的闸室段工作桥排架建模。

(5) 节制闸的闸室段桥头堡建模。

(六) 工作实施

1. 绘制底板

(1) 创建标高。将视图切换到“南立面”进行标高创建，如图 2-43 所示。将创建的标高添加至楼层平面。

图 2-43　建立标高

(2) 建立参照平面。在标高 64.750 的楼层平面上创建参照线或参照平面，如图 2-44 所示。

(3) 创建底板模型。绘制底板，采用“常规模型”的“拉伸”命令，进入标高 64.750 的楼层平面，点击“设置”，拾取一个平面（拾取上面绘制的参照线或参照平面），切换工作平面到“南立面”，绘制特征面，在楼层平面上进行宽度方向的拉伸，如图 2-45～图 2-47 所示。

(4) 创建混凝土垫层。采用“常规模型”的“拉伸”命令，绘制闸室底板下方混凝土垫层。可以采用“拾取线”命令，设置偏移值为 100，如图 2-48 所示。快速绘制出垫层轮廓即特征面。操作中如果偏移方向有误，可以使用空格更改偏移方向。完成混凝土垫层模型，如图 2-49、图 2-50 所示。

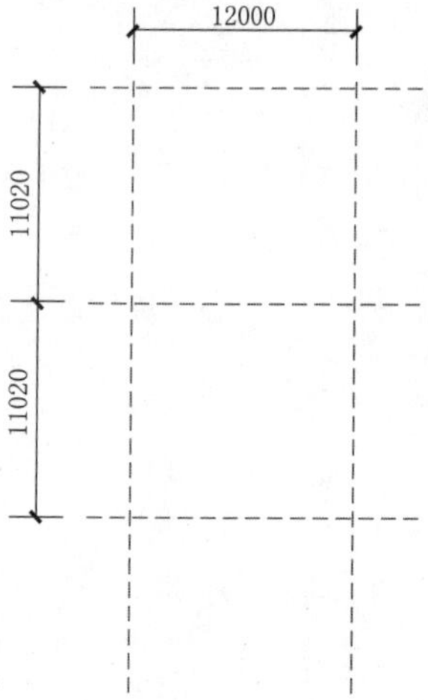

图 2-44　在标高 64.750 的楼层平面上绘制参照线或参照平面

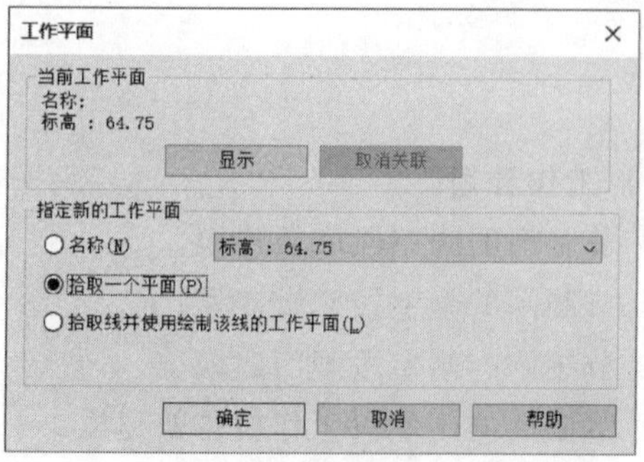

图 2-45　切换工作平面

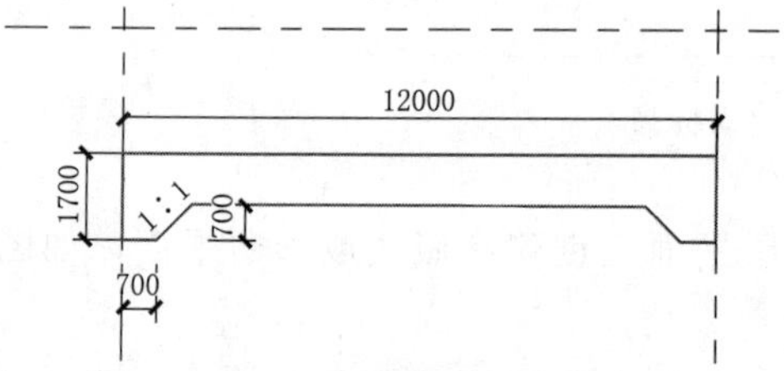

图 2-46　绘制底板特征面

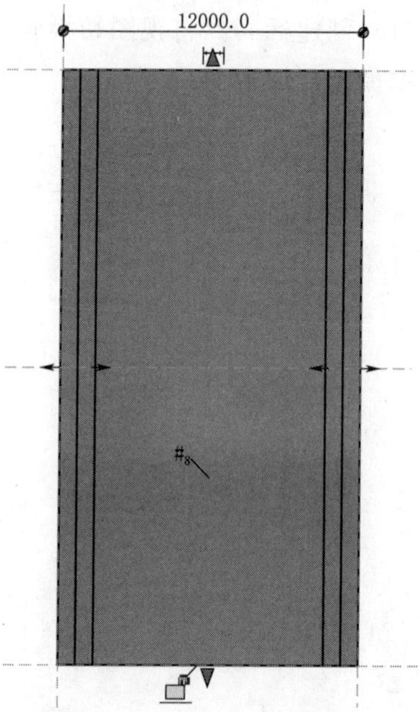

图 2-47　完成底板模型

图 2-48　设置偏移值 100

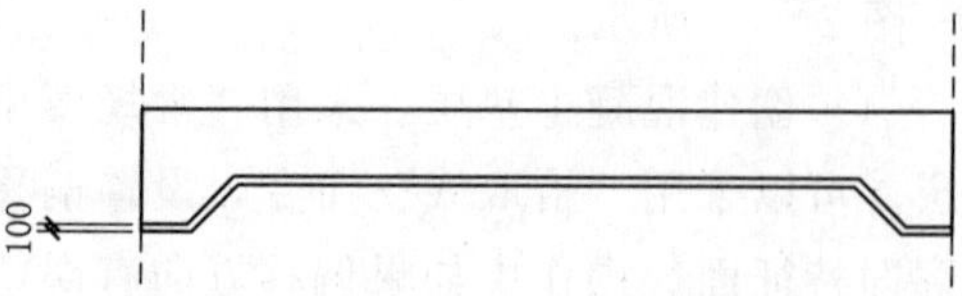

图 2-49　绘制混凝土垫层特征面

2. 绘制闸室段边墩

(1) 绘制边墩。在标高 64.750 的楼层平面上，点击右侧“设置”，拾取一个平面（拾取铅垂的参照平面），切换工作界面为“西立面”，绘制边墩特征视图，然后在楼层平面进行宽度方向拉伸，如图 2-51、图 2-52 所示。

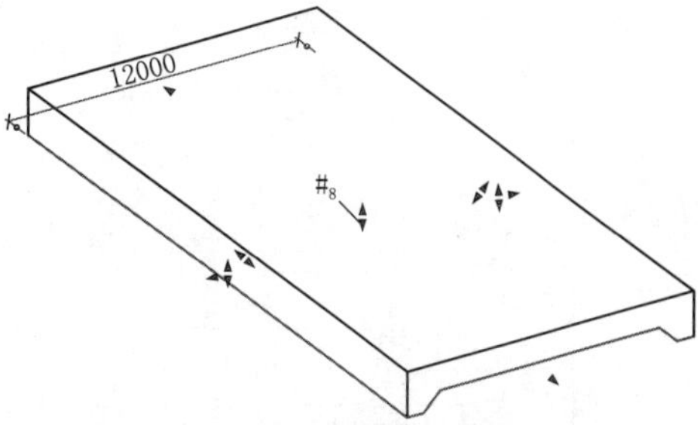

图 2-50　混凝土垫层三维模型

(2) 创建边墩闸门槽。采用“空心拉伸”命令对其进行修剪。在楼层平面标高 68.860 上进行特征面绘制，拉伸特征面到底板，完成闸门槽，如图 2-53、图 2-54 所示。

3. 绘制闸室段中墩

绘制中墩，同样采用“拉伸”命令。先绘制出四个特征面，再上下拉伸，完成中墩模型。还可以创建一个中墩模型，再进行复制或阵列完成，如图 2-55、图 2-56 所示。

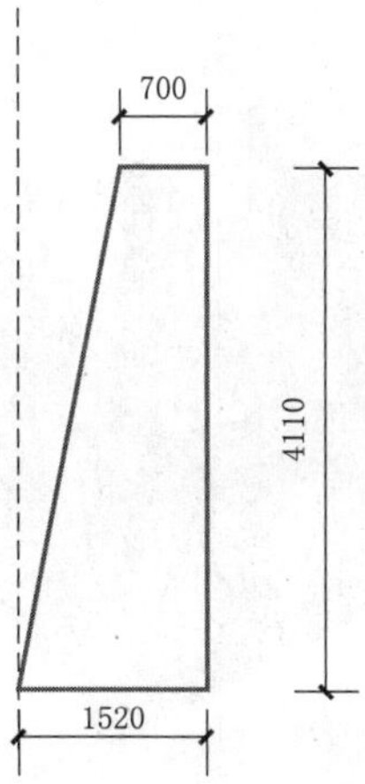

图 2-51　绘制边墩特征面

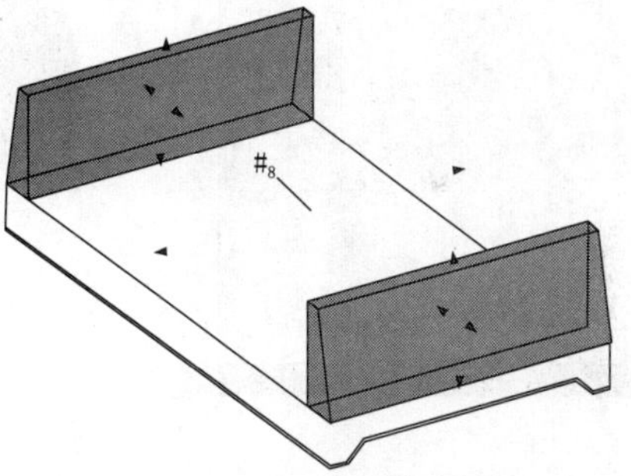

图 2-52　边墩三维模型

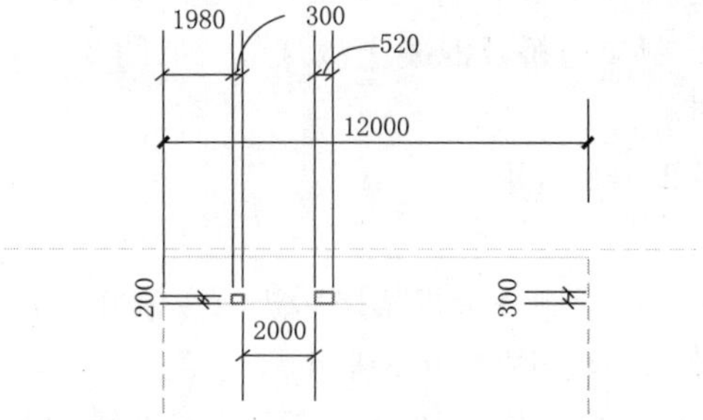

图 2-53　绘制闸门槽特征面

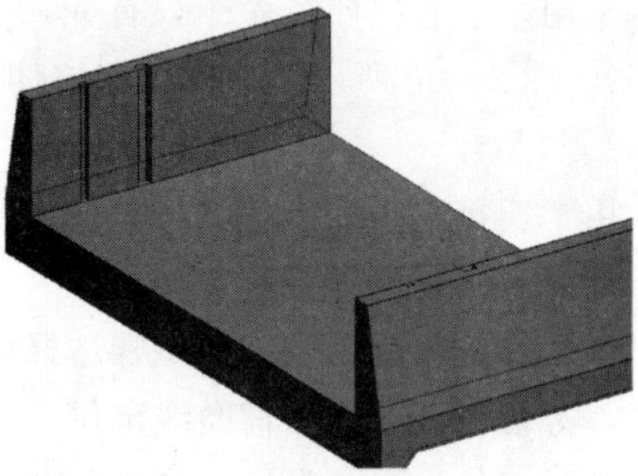

图 2-54　边墩闸门槽三维模型

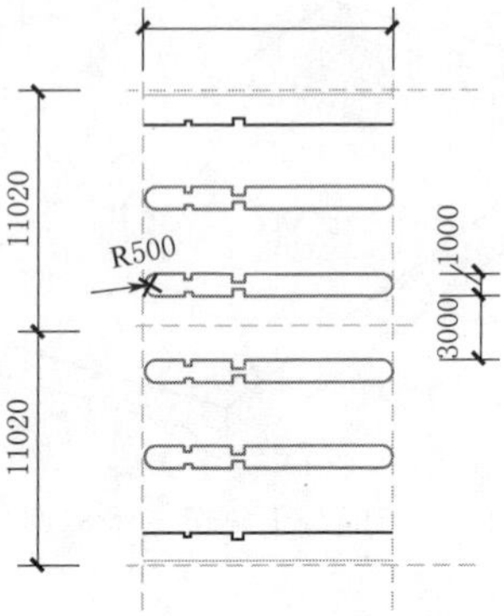

图 2-55　绘制中墩特征面

图 2-56　中墩三维模型

4. 绘制闸门

用“拉伸”命令绘制闸门，如不想关联成组可以绘制一个闸门之后再进行复制，如图 2-57、图 2-58 所示。

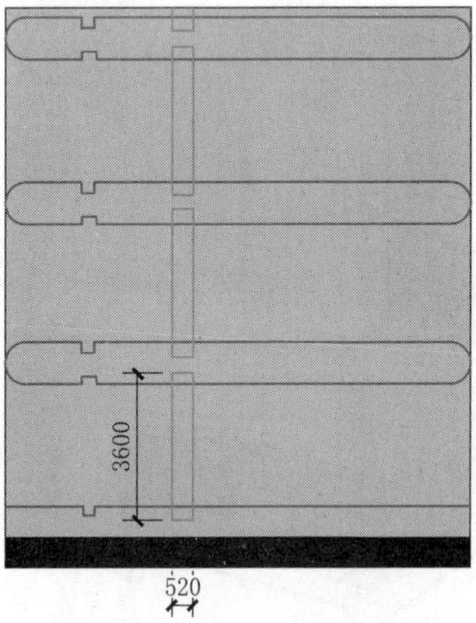

图 2-57　绘制闸门特征面

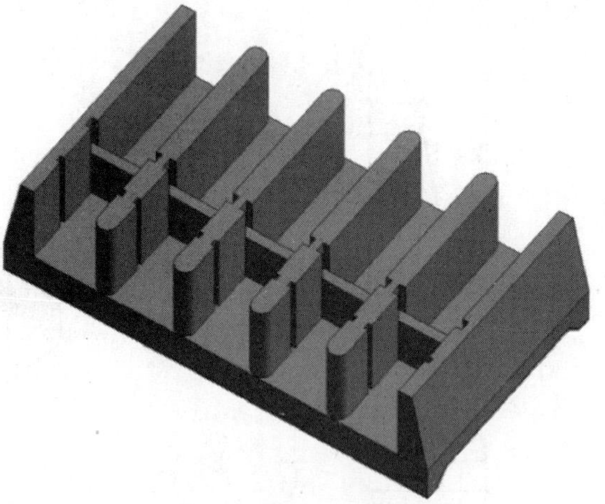

图 2-58　闸门三维模型

5. 绘制交通桥与检修桥

采用“空心拉伸”命令，首先做一个空心拉伸形状，将交通桥凹槽剪切出来，如图 2-59、图 2-60 所示。再采用“拉伸”命令绘制交通桥及混凝土浇筑层，如图 2-61、图 2-62 所示。

用“连接”命令将闸墩与底板相连，如图 2-63 所示。

6. 绘制工作桥排架

用“拉伸”命令按上述步骤选择南立面绘制，绘制一个排架之后进行复制注意桥柱的位置，必要时可以添加辅助线定位，效果如图 2-64、图 2-65 所示。

绘制工作桥面，采用“拉伸”命令在南立面绘制轮廓，然后在三维界面进行拉伸，如图 2-66、图 2-67 所示。

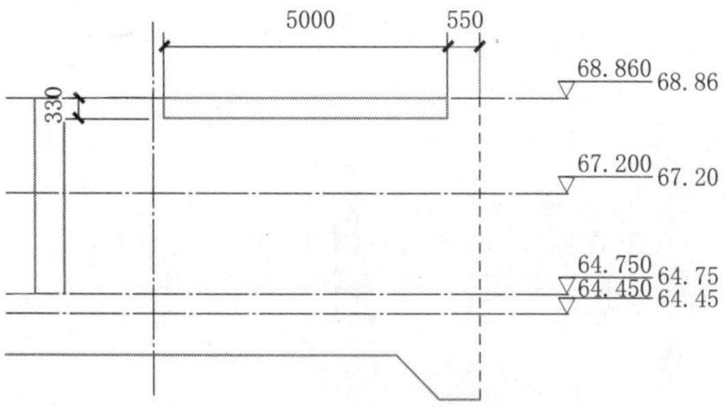

图 2-59　绘制"空心拉伸"特征面

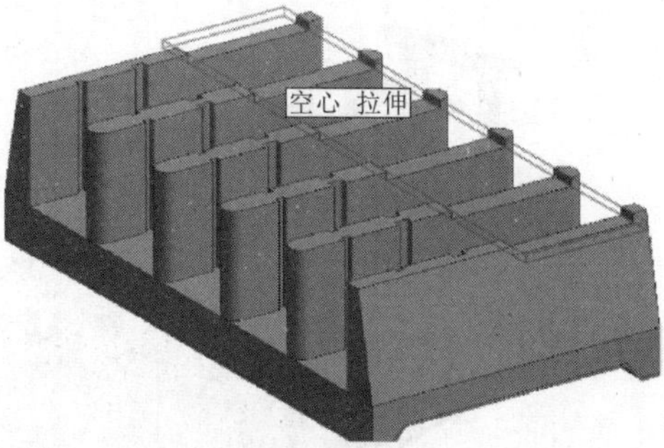

图 2-60　空心拉伸后的三维模型

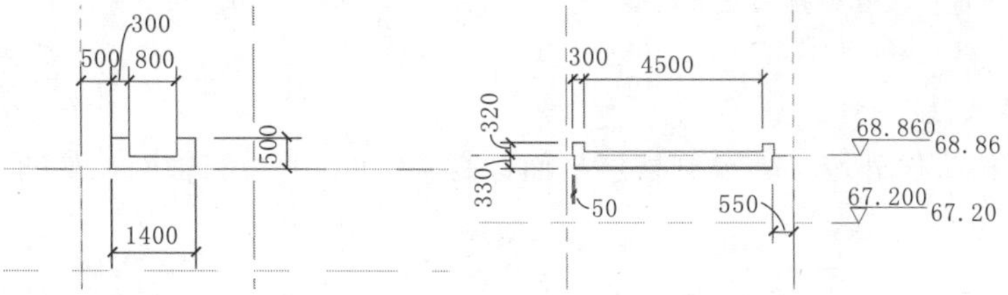

图 2-61　绘制检修桥和交通桥的特征面

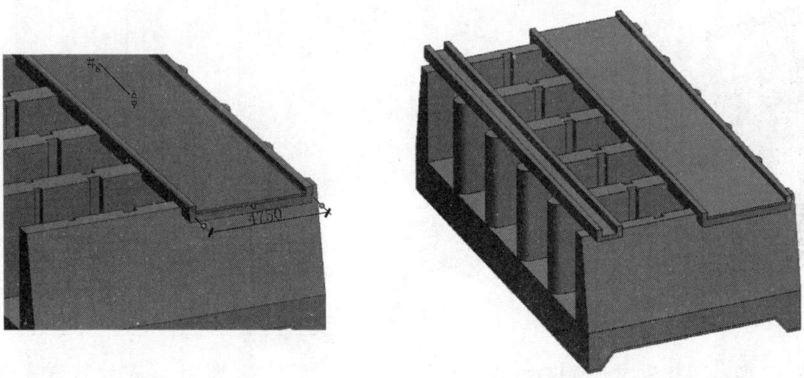

图 2-62　交通桥与检修桥三维模型

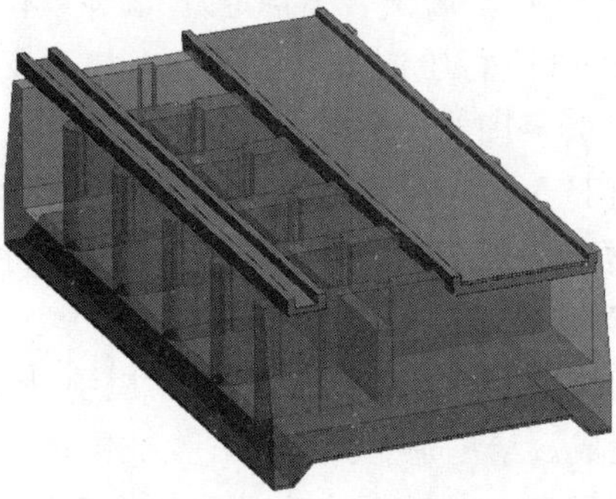

图 2-63　闸墩与底板成为一个整体

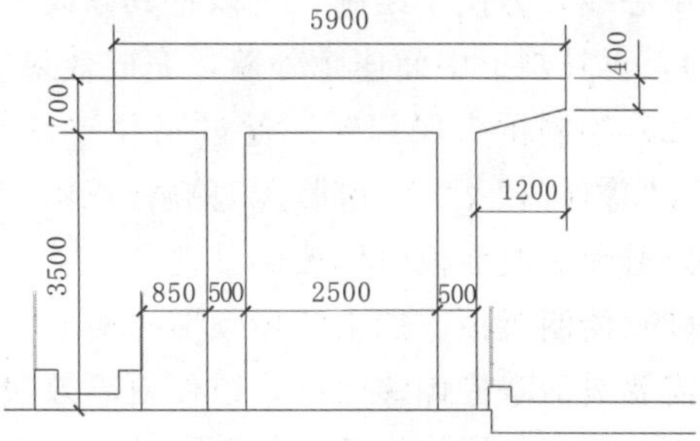

图 2-64　绘制工作桥排架特征面

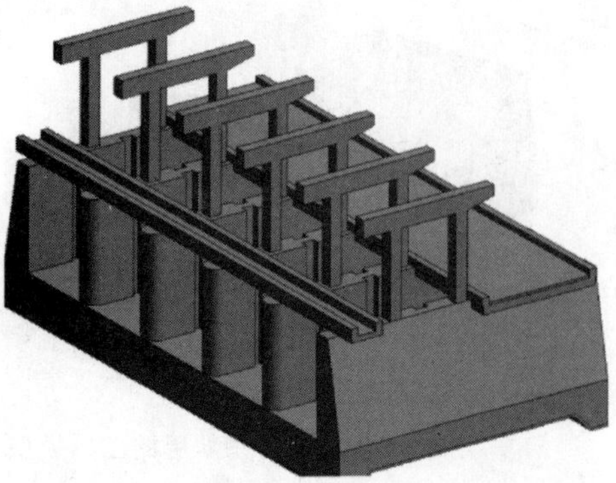

图 2-65　工作桥排架三维模型

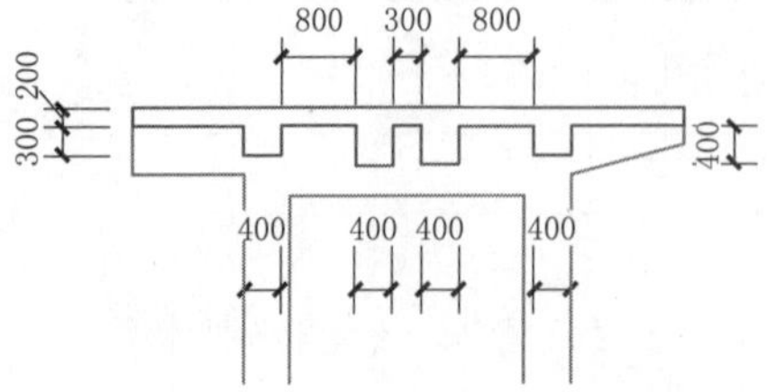

图 2-66　绘制工作桥面特征面

7. 绘制桥头堡

(1) 绘制桥头堡外墙。转换到楼层平面标高 73.060 上绘制轴网，如图 2-68 所示。

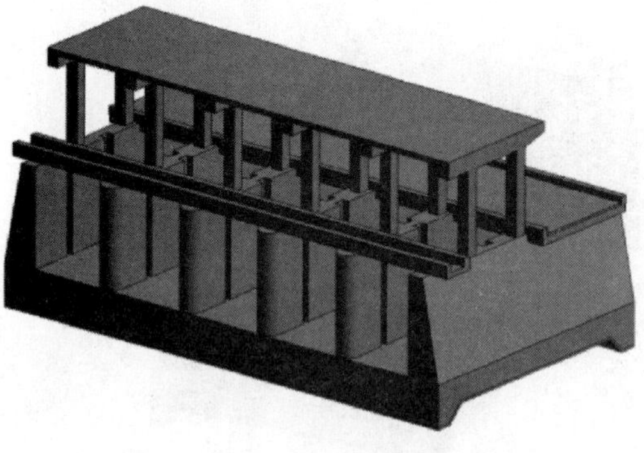

图 2-67　工作桥面三维模型

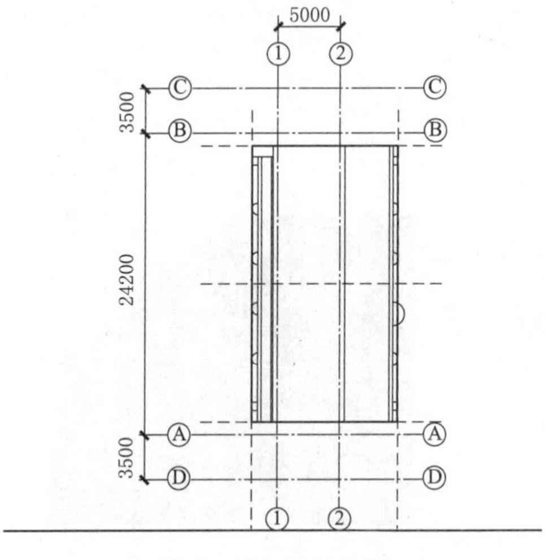

图 2-68　绘制轴网

采用建筑墙绘制，如无特殊要求一般默认使用“240”墙（名称自定）。墙体默认定位线为中心线，为便于绘制，可以将其修改为内部/外部进行绘制（可以通过空格改变墙体朝向），再补画上中间连廊外墙，完成效果如图 2-69～图 2-71 所示。

(2) 绘制桥头堡门窗。通过路径“建筑”\“门”\“编辑属性”\“载入”\“建筑”\“门”\“普通门”\“平开门”\“单扇/双扇”\选择合适的样式载入（载入门之后先将其复制，以避免更改数值时修改到其他图元），窗同理添加，结果如图 2-72 所示。

(3) 绘制屋顶。点击“屋顶”，选择“迹线屋顶”，设置屋顶厚度，绘制屋顶外轮廓，这里需要灵活掌握偏移命令，以便更高效快速地完成。给屋顶定义坡度，生成屋顶。

将绘制好的墙体附着到屋顶，选中所需附着到屋顶上的墙，点击“附着顶部”，选择要附着到的屋顶，完成屋顶模型，如图 2-73 所示。

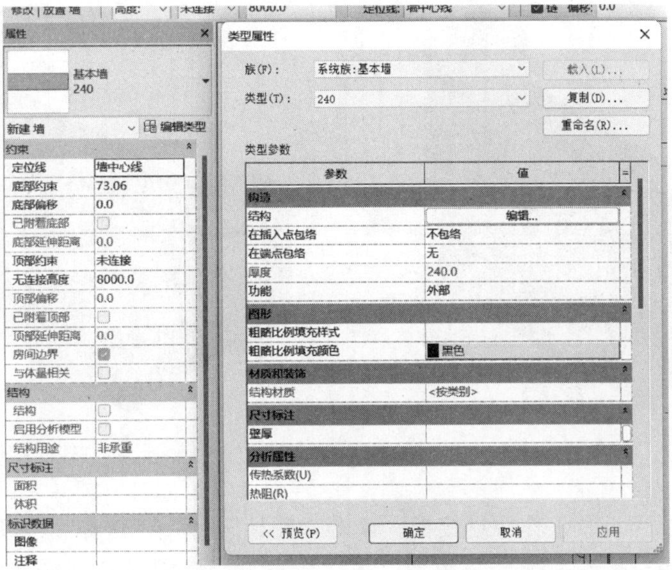

图 2-69　在建筑中选择“墙”命令

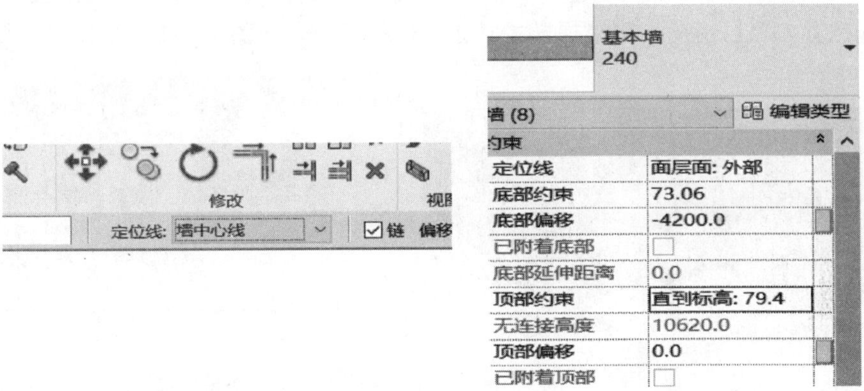

（a）选择“墙中心线”　　　　（b）选择约束标高

图 2-70　选择定位线和约束标高

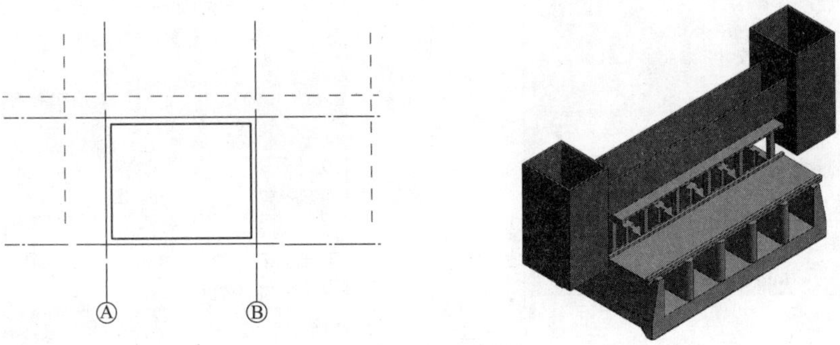

图 2-71　绘制外墙墙体

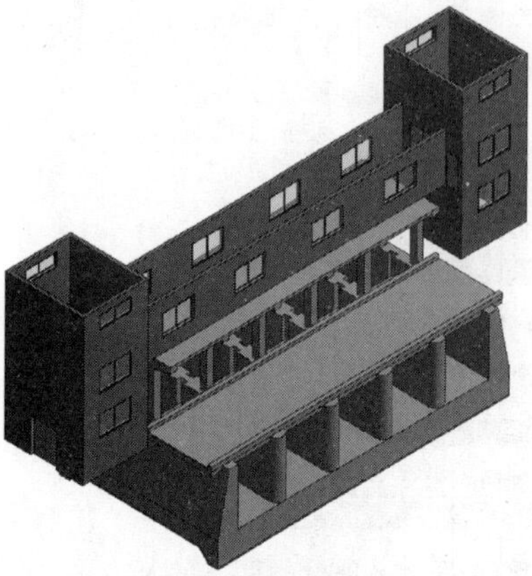

图 2-72　创建门窗

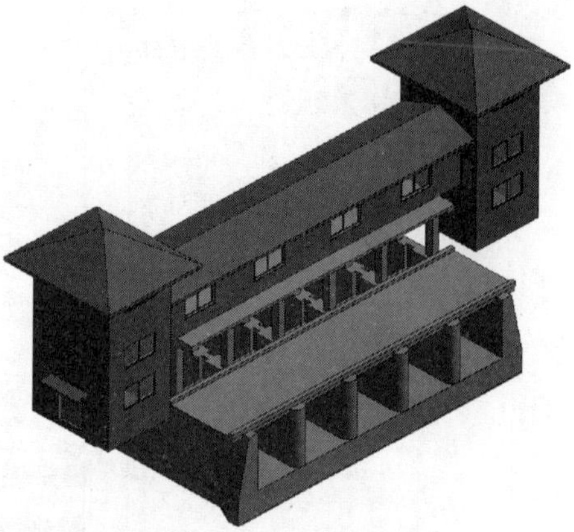

图 2-73　绘制屋顶

（4）绘制一层楼板及工作桥连接板。点击“楼板”命令，选择“建筑楼板”，设置厚度楼板，绘制楼板轮廓，完成楼板模型。需要注意一层楼板因外部楼梯需有一定的偏移量，不可紧贴标高建立，如图 2-74 所示。

（5）创建一层楼梯。点击“楼梯”命令，将楼梯属性修改为“整体浇筑楼梯”，设置楼梯起止位置，根据情况选用楼梯样式，完成楼梯模型，如图 2-75～图 2-77 所示。

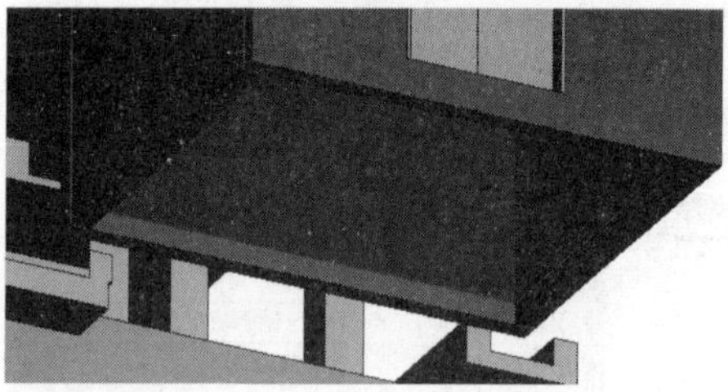

图 2-74　绘制楼板

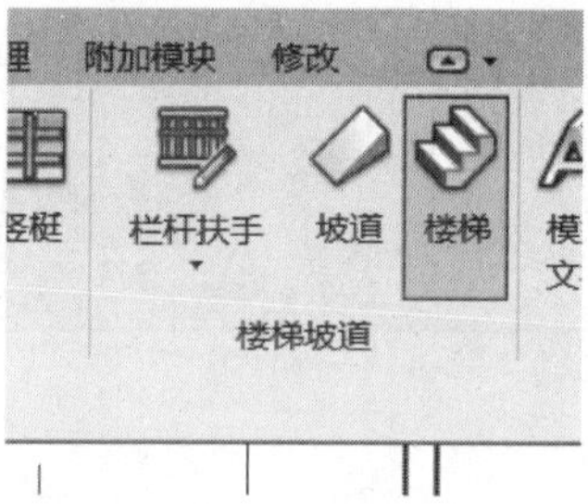

图 2-75　选择“建筑”中的“楼梯”

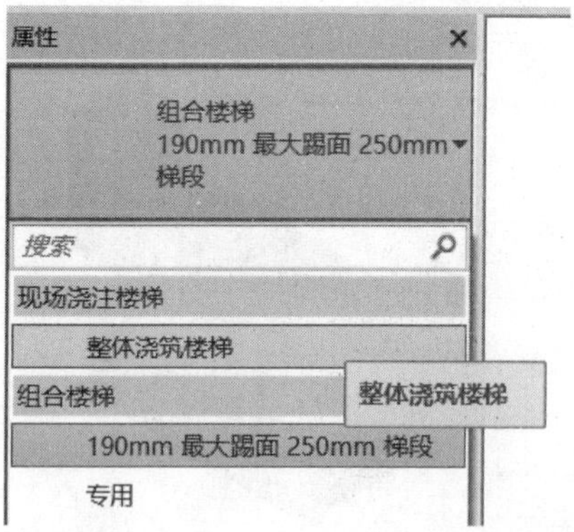

图 2-76　选择整体浇筑楼梯

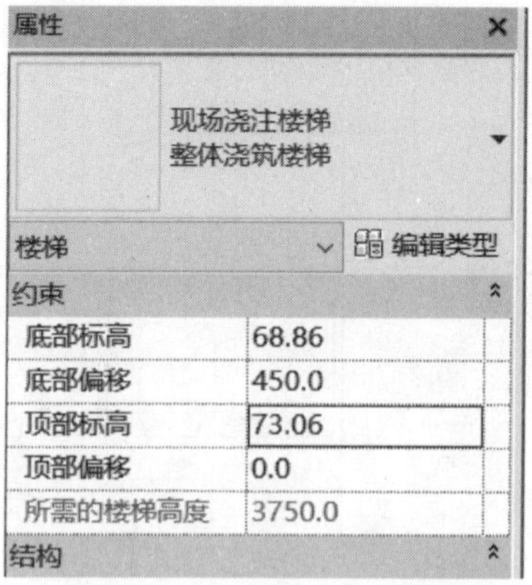

图 2-77　选择约束标高

（6）修剪二层楼板。可沿楼梯边缘描出楼板轮廓，也可在绘制完楼板后选用竖井对楼板进行修剪，如图 2－78、图 2－79 所示。

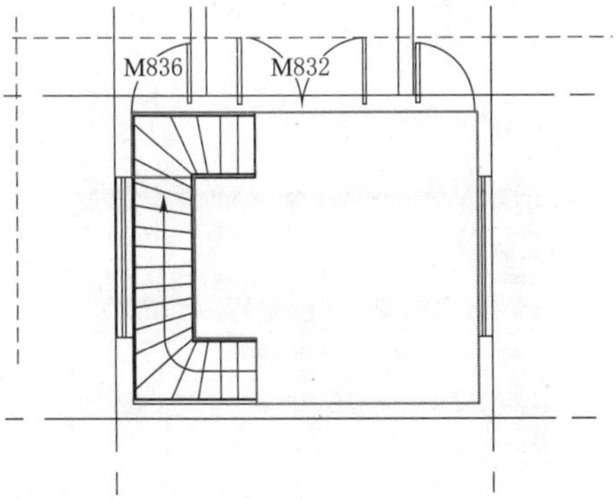

图 2－78　绘制要修剪的楼板

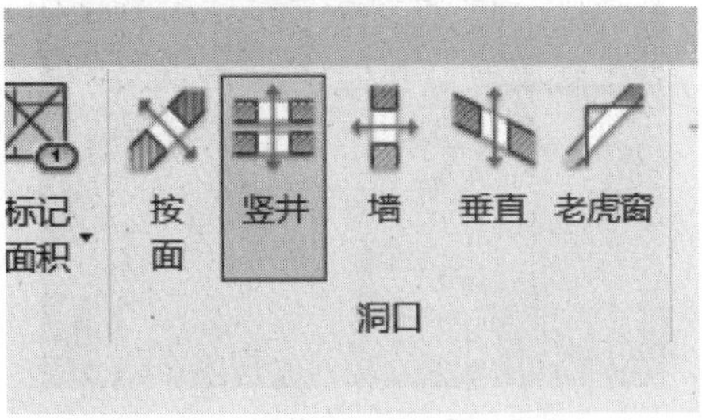

图 2－79　选择“建筑”中的“竖井”命令

（7）添加护栏。在楼板悬空处添加护栏，如图 2－80、图 2－81 所示。

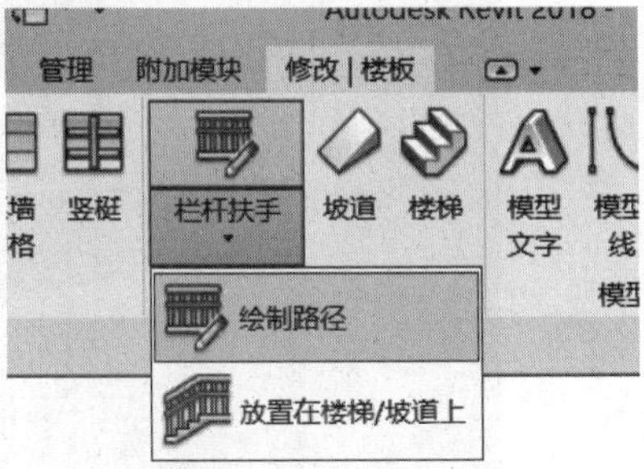

图 2－80　选择“栏杆扶手”中的“绘制路径”

图 2－81　楼梯护栏三维模型

（8）绘制二、三层楼梯。方法同上绘制二、三层楼梯模型，结果如图 2－82、图 2－83 所示。

图 2－82　楼梯三维模型

图 2－83　楼板三维模型

（9）绘制三层栏杆。添加栏杆，如图 2-84 所示。

（10）绘制门口台阶。门口楼梯可用楼板拼接，或者使用楼梯搭建（使用楼梯搭建时需要修改梯段的结构深度），如图 2-85、图 2-86 所示。结果如图 2-87 所示。

图 2-84　护栏三维模型

图 2-85　选择“梯段类型”

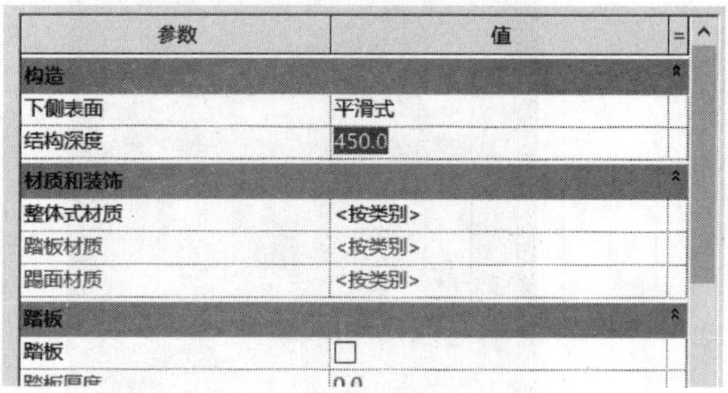

图 2-86　选择结构深度为“450.0”

图 2-87　楼梯三维模型

（11）绘制工作桥护栏及交通桥护栏。采用“建筑”命令，添加栏杆扶手，绘制轮廓，完成模型，如图 2-88、图 2-89 所示。

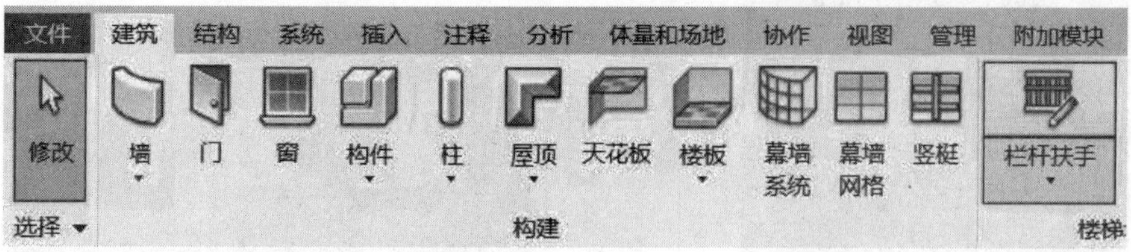

图 2-88　选择“栏杆扶手”中的“绘制路径”

更换护栏样式，在进行栏杆样式的更改时，先进行一个栏杆族的复制，如图 2-90 所示。

点击上方的“插入”，再次点击“载入族”按钮，进入族库页面，随后依次点击文件名“建筑”\“栏杆扶手”\“栏杆”，选取出需要的栏杆进行载入。

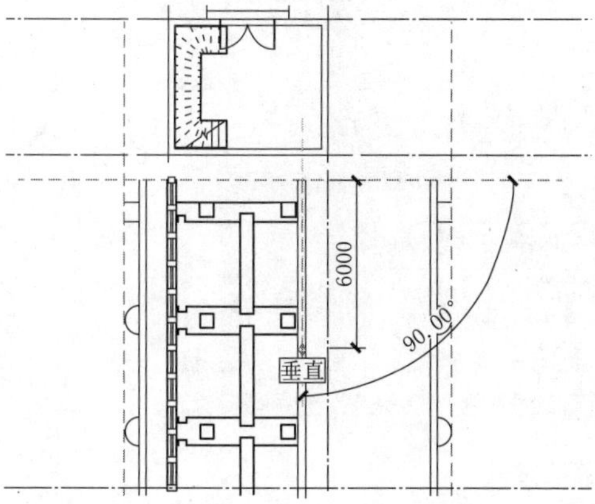

图 2-89　绘制工作桥及交通桥护栏路径

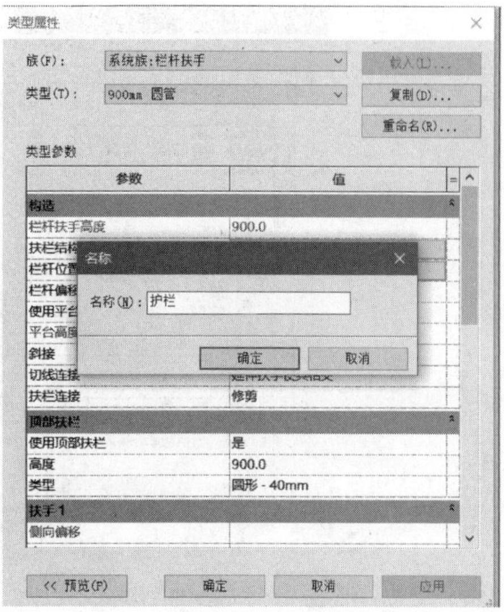

图 2-90　复制一个护栏样式

点击需要更改的栏杆，进入栏杆编辑页面，再点击栏杆位置的"编辑"按钮，进入栏杆位置编辑页面，如图 2-91 所示。

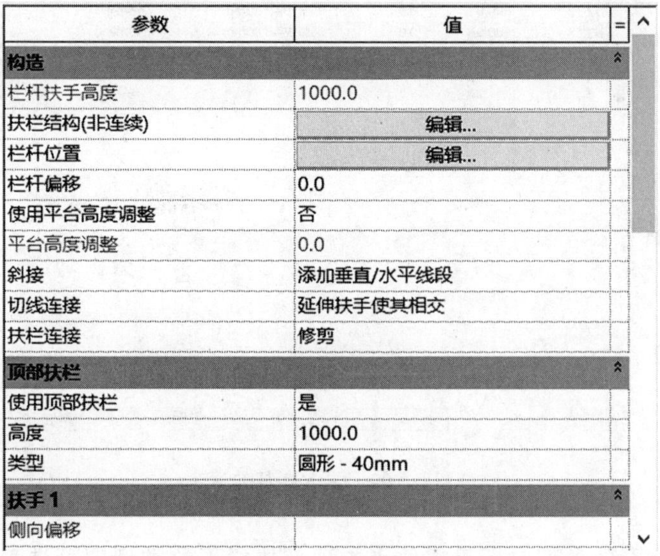

参数	值
构造	
栏杆扶手高度	1000.0
扶栏结构(非连续)	编辑...
栏杆位置	编辑...
栏杆偏移	0.0
使用平台高度调整	否
平台高度调整	0.0
斜接	添加垂直/水平线段
切线连接	延伸扶手使其相交
扶栏连接	修剪
顶部扶栏	
使用顶部扶栏	是
高度	1000.0
类型	圆形 - 40mm
扶手 1	
侧向偏移	

图 2-91　选择栏杆位置

依次将窗口中的栏杆改为需要的样式，如图 2-92 所示。

更改之后再次点击栏杆结构那一栏的"编辑"按钮，进入栏杆结构编辑页面。在轮廓编辑的那一栏，可以将横向的栏杆轮廓改为其他样式，如图 2-93 所示。

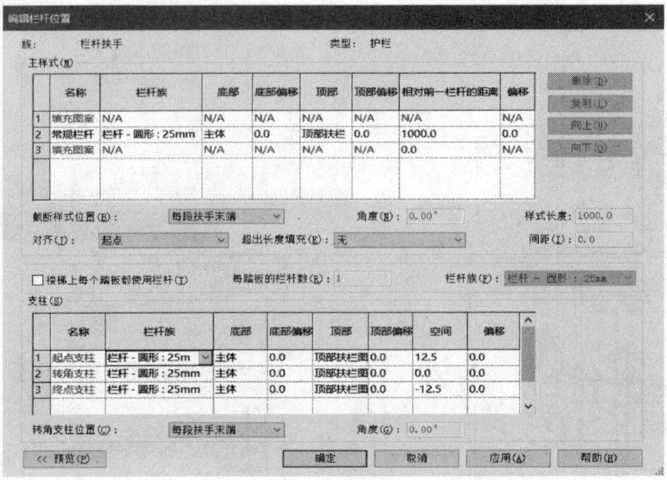

图 2－92　修改样式

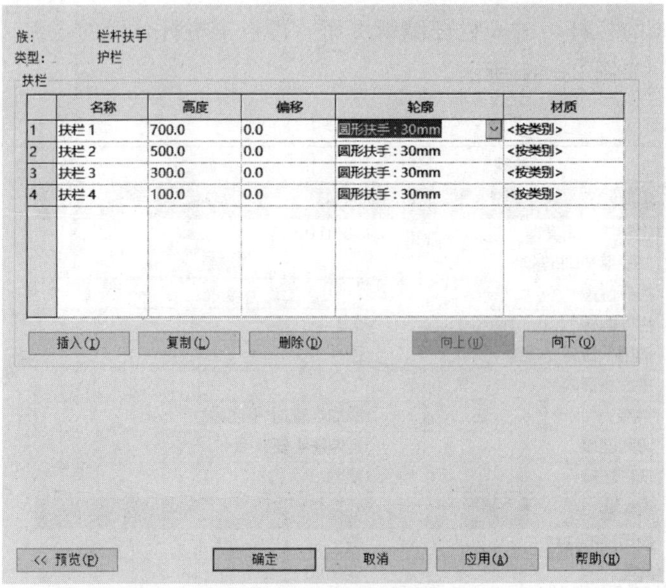

图 2－93　更改栏杆轮廓

在更改顶部扶栏的类型时，只需要点击顶部扶栏下的类型即可进入顶部扶栏编辑页面，随后就可以进行顶部扶栏结构样式的更改，如图 2－94 所示。完成闸室段三维全景模型，如图 2－95 所示。

（七）评价反馈

评价包括学生自评（占 50%）和教师评价（占 50%）两部分，学生自评表见表 2－7，教师评价表见表 2－8。

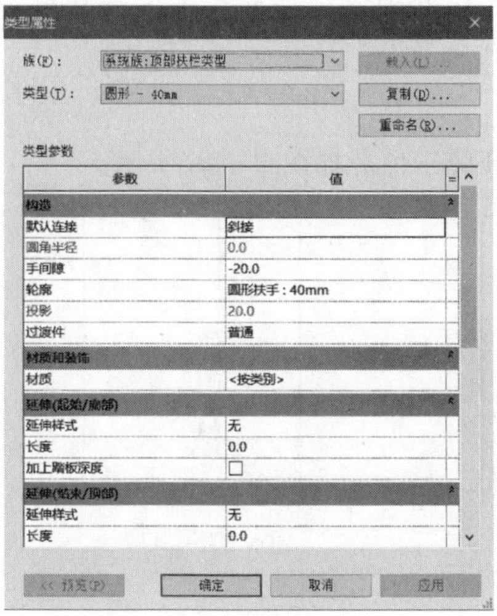

图 2-94 更改顶部栏杆轮廓

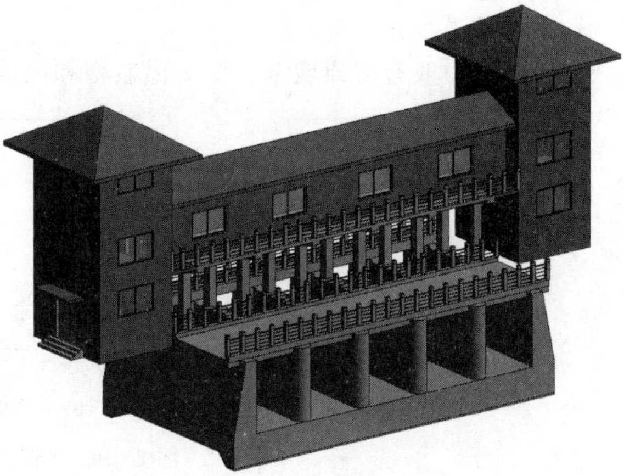

图 2-95 闸室段三维全景模型

表 2-7 **学 生 自 评 表**

班 级		姓名		学号	
工作任务二	任务情景二 闸室段建模				
评价项目	评 价 标 准			分值	得分
①闸室底板模型创建	识读图纸，快速准确创建模型			20	
②闸室段边墩模型创建	识读图纸，快速准确创建模型			20	
③闸室段中墩模型创建	识读图纸，快速准确创建模型			20	
④闸室段工作桥与检修桥模型创建	识读图纸，快速准确创建模型			20	
⑤闸室段桥头堡模型创建	识读图纸，快速准确创建模型			20	
合 计				100	

表 2-8 **教 师 评 价 表**

班级		姓名		学号	
工作任务二	任务情景二 闸室段建模				
评价项目	评 价 标 准			分值	得分
①平时表现	出勤，课堂表现			40	
②成果评价	闸室段模型成果			30	
③小组表现	团队合作完成任务			30	
	合 计			100	

（八）相关知识点——闸室的布置和构造

闸室是水闸的主体部分。开敞式水闸闸室由底板、闸墩、闸门、工作桥和交通桥等组成，有的还设有胸墙。

闸室的结构形式、布置和构造，应在保证稳定的前提下，尽量做到轻型化、整体性好、刚性大、布置匀称，并进行合理的分缝分块，使作用在地基单位面积上的荷载较小，较均匀，并能适应地基可能的沉降变形。

1. 闸孔形式

闸孔形式一般有宽顶堰型、低实用堰型和胸墙孔口型三种，如图 2-96 所示。

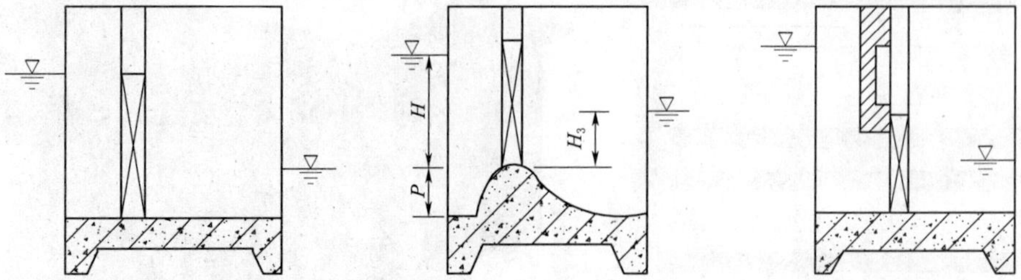

(a) 平底板宽顶堰　(b) 低实用堰　(c) 胸墙孔口型

图 2-96　闸孔形式

(1) 宽顶堰型。宽顶堰是水闸中最常用的底板结构形式。其主要优点是结构简单、施工方便，泄流能力比较稳定，有利于泄洪、冲沙、排淤、通航等；缺点是自由泄流时流量系数较小，容易产生波状水跃。

(2) 低实用堰型。低实用堰有梯形的、曲线形的和驼峰形的。实用堰自由泄流时流量系数较大，水流条件较好，选用适宜的堰面曲线可以消除波状水跃；但泄流能力受尾水位变化的影响较为明显，当 $h_s > 0.6H$ 以后，泄流能力将急剧降低，不如宽顶堰泄流时稳定。上游水深较大时，采用这种孔口形式，可以减小闸门高度。

(3) 胸墙孔口型。当上游水位变幅较大而过闸流量较小时，常采用胸墙孔口型。这种形式可以减小闸门高度和启门力，从而降低工作桥高和工程造价。

2. 底板布置与结构要求

常用的底板有平底板和钻孔灌注桩底板。在特定的条件下，也可采用箱式底板［图 2-97 (a)］、斜底板［图 2-97 (b)］、反拱底板［图 2-97 (c)］等。下面着重介绍平底板。

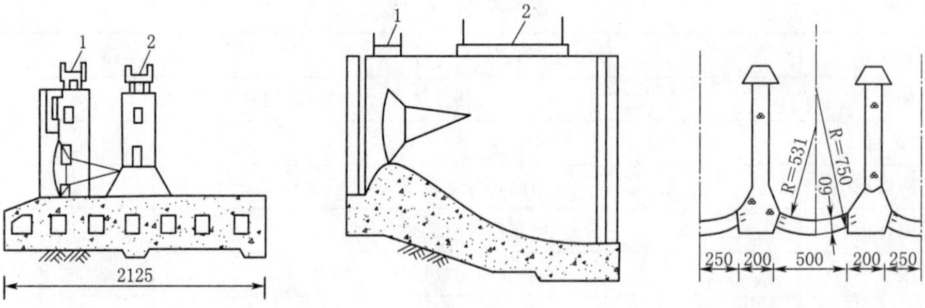

(a) 箱式底板　(b) 斜底板　(c) 反拱底板

图 2-97　闸底板形式（单位：cm）

1—工作桥；2—检修桥

平底板按底板与闸墩的连接方式，有整体式和分离式两种。

(1) 整体式底板。闸墩与底板浇筑成整体即为整体式底板。其顺水流方向长度可根据闸身稳定和地基应力分布较均匀等条件来确定，同时应满足上层结构布置的需要。水头越大，地基越差，底板应越长。初拟底板长度时，对于砂砾石地基可取（1.5～2.5）H，对于砂土、砂壤土地基可取（2.0～3.5）H，对于黏壤土地基可取（2.0～4.0）H，对于黏土地基可取（2.5～4.5）H，H 为上、下游最大水位差。底板厚度必须满足强度和刚度的要求，大中型水闸可取闸孔净宽的1/8～1/6，一般为1～2m，最薄不小于0.7m，渠系小型水闸可薄至0.3m。底板内配置钢筋，底板混凝土强度等级应满足强度、抗渗及防冲要求，一般选用C15或C20。闸墩中间分缝的底板一般适用于孔径8～12m和较松软地基或地震烈度较高的地区。对于中等密实以上、承载力较大的地基也可将缝分在闸室底板中间，如图2-98所示。

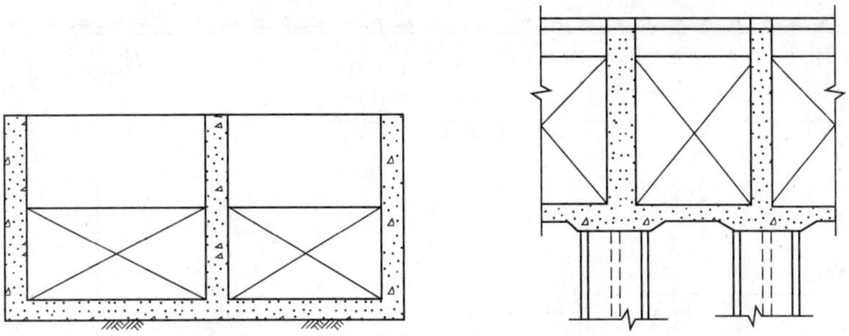

（a）墩中分缝底板　　（b）跨中分缝底板

图2-98　整体式底板

（2）分离式底板。在闸室底板两侧分缝，使底板与闸墩分离，成为分离式底板，如图2-99所示。分离式底板一般适用于孔径大于8m和密实的地基或岩基。一般用混凝土或浆砌石建成，必要时加少量钢筋。

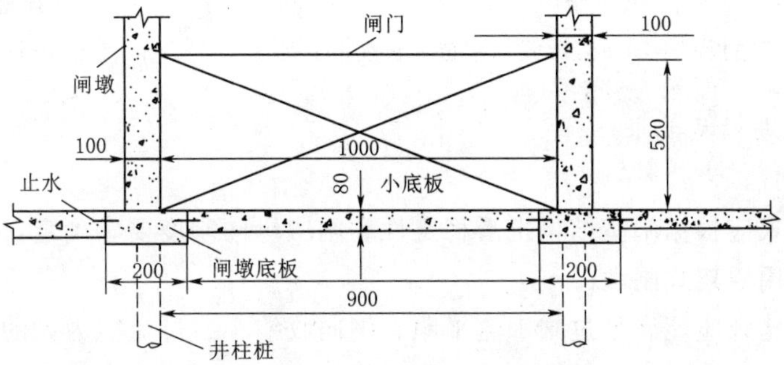

图2-99　分离式底板（单位：cm）

闸孔中间部分底板称为小底板，仅有防冲、防渗的要求，另一部分是闸墩底板，闸墩及上部结构的重量通过闸墩底板传递给地基。

（3）整体式平底板结构要求。整体式平底板的平面尺寸远较厚度大，可视为地基上受力复杂的一块板。目前工程实际仍用近似简化计算方法进行强度分析。一般认为闸墩刚度较大，底板顺水流方向弯曲变形远较垂直水流方向小。受力钢筋布置在垂直水流方向上，每米不少于3根，直径不宜小于12mm和大于32mm，一般为12～25mm；构造钢筋垂直于受力钢筋方向，布置在顺水流方向上，每米可配置3～4根直径10～12mm的钢筋。底板的主拉应力一般不大，可由混凝土承担，不需要配置横向钢筋，故面层、底层钢筋作分离式布置（图2-100）。底板底层如计算不需配筋，施工质量有保证时，可不配置。面层如计算不需配筋，每米可配3～4根构造钢筋以抵抗表面水流的剧烈冲刷。受力钢筋在中墩处不切断，相邻两跨直通至边墩或缝墩外侧处切断，并留保护层。构造筋伸入墩下30倍直径。

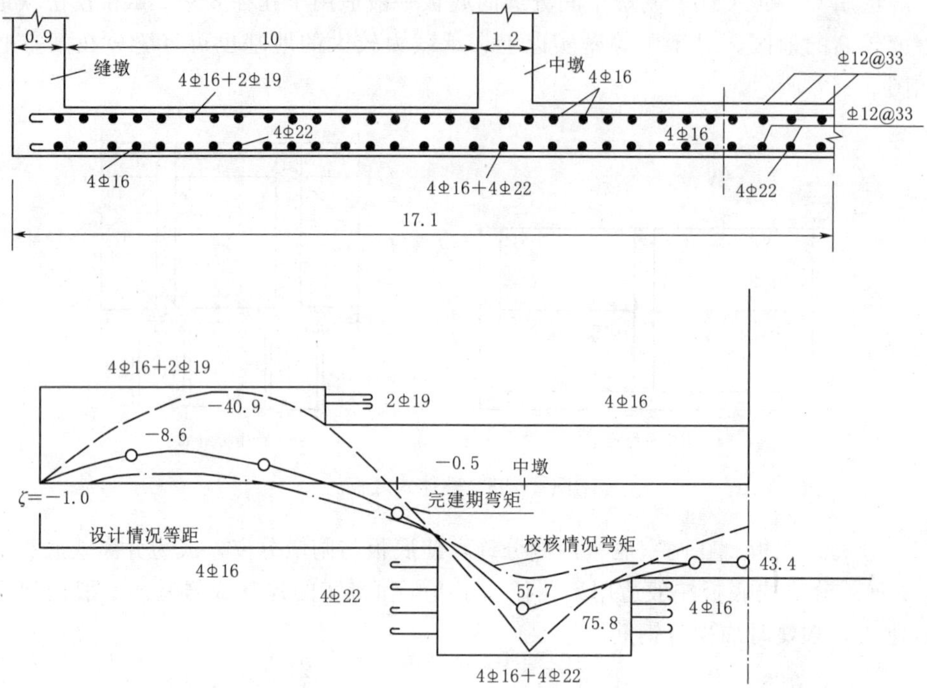

图2-100　底板的钢筋布置形式（单位：长度m；弯矩kN·m；直径mm；间距cm）

3. 闸墩布置与结构要求

（1）闸墩布置。

闸墩结构型式应根据闸室结构抗滑稳定性和闸墩纵向刚度要求确定，一般宜采用实体式，也可考虑采用框架式闸墩。

闸墩的外形轮廓应能满足过闸水流平顺、侧向收缩小、过流能力大的要求。上游墩头可采用半圆形或三角形，下游墩头宜采用流线型。

闸墩长度取决于上部结构布置和闸门的形式，一般与底板同长或稍短些。

闸墩厚度应根据闸孔孔径、受力条件、结构构造要求和施工方法确定。根据经验，一般浆砌石闸墩厚0.8～1.5m，混凝土闸墩厚1～1.6m，少筋混凝土墩厚0.9～1.4m，钢筋混凝土墩厚0.7～1.2m。闸墩在门槽处厚度不宜小于0.4m。如采用油压启闭机，闸门门槽厚度应根据油压管路布置的需要加以确定，有时为了布置油缸，可以不增加闸墩厚度而将闸门槽前后错开布置，如图2-101（a）所示。

平面闸门的门槽尺寸应根据闸门的尺寸确定，一般检修门槽深0.15～0.25m，宽

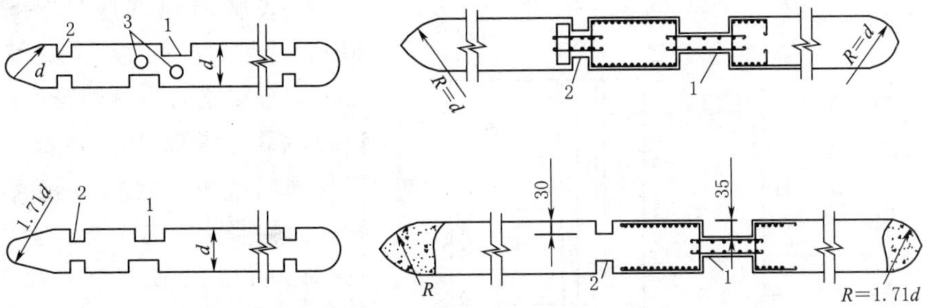

图 2-101　闸墩布置形式

1—工作门槽；2—检修门槽；3—通气孔

0.15～0.30m，主门槽深一般不小于 0.3m，宽约 0.5～1.0m。检修门槽与工作门槽之间应留 1.5～2.0m 的净距，以便于工作人员检修。弧形闸门的闸墩不需设门槽。

(2) 闸墩结构要求。

1) 平面闸门闸墩配筋。闸墩的内部应力不大，一般不会超过墩体材料的允许应力，按理可不配置钢筋。但考虑到混凝土的温度、收缩应力的影响，以及为了加强底板与闸墩间施工缝的连接，仍需配置构造钢筋。垂直方向一般每米配置 3～4 根 ϕ10～14mm 钢筋，下端伸入底板 25～30 倍钢筋直径，上端伸至墩顶或底板以上 2～3m 处截断（温度变化较小地区）。考虑到检修时受侧向压力的影响，底部钢筋应适当加密。水平方向分布钢筋一般采用 ϕ8～12mm 钢筋，每米 3～4 根。这些钢筋都沿闸墩表面布置。

闸墩的上下游端部（特别是上游端）容易受到漂流物的撞击，一般自底至顶均布置构造钢筋，网状分布。闸墩墩顶支承上部桥梁的部位也要布置构造钢筋网。

2) 门槽配筋。一般情况下，门槽顶部为压应力，底部为拉应力。若拉应力超过混凝土的允许拉应力，则按全部拉应力由钢筋承担的原则进行配筋；否则配置构造钢筋，布置在门槽两侧，水平排列，每米 3～4 根，直径较墩面水平分布钢筋适当加大。

3) 弧形闸门闸墩配筋。弧形闸门通过牛腿支承在闸墩上，故不需设置门槽。牛腿宽度 b 不小于 50～70cm，高度 h 不小于 80～100cm，并在其端部设 45°斜坡，牛腿轴线尽量与闸门关闭时门轴处合力作用线一致。在牛腿前约 2 倍牛腿宽、1.5～2.5 倍牛腿高范围，墩内的主拉应力大于混凝土的容许拉应力，需要配筋。重要的大型水闸，应经试验确定闸墩的应力状态，并据此配置钢筋。

4. 胸墙的布置与构造

胸墙顶部高程与闸墩顶部高程齐平。胸墙底高程应根据孔口泄流量要求计算确定，以不影响泄水为原则。胸墙相对于闸门的位置取决于闸门的形式。对于弧形闸门，胸墙位于闸门的上游侧；对于平面闸门可设在闸门下游侧，也可设在上游侧。后者止水结构复杂，易磨损，但有利于闸门启闭，钢丝绳也不易锈蚀，如图 2-102 所示。

胸墙结构形式可根据闸孔孔径大小和泄水要求选用。当孔径不大于 6.0m 时可采用板式图 2-103 (a)，孔径大于 6.0m 时宜采用板梁式图 2-103 (b)，当胸墙高度大于 5.0m 且跨度较大时，可增设中梁及竖梁构成肋形结构，如图 2-103 (c) 所示。

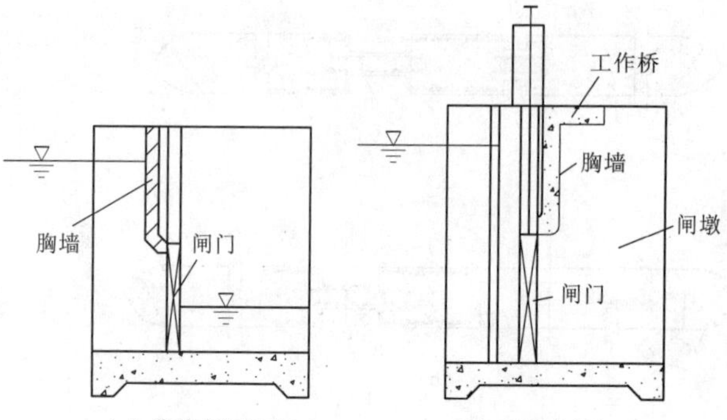

（a）胸墙在闸门前　（b）胸墙在闸门后

图 2-102　胸墙与闸门的相对位置

板式胸墙顶部厚度一般不小于20cm。梁板式的板厚一般不小于12cm；顶梁梁高为胸墙跨度的1/15～1/12，梁宽常取40～80cm；底梁由于与闸门接触，要求有较大的刚度，梁高为胸墙跨度的1/9～1/8，梁宽为60～120cm。为使过闸水流平顺，胸墙迎水面底缘应做成圆弧形。

胸墙板内的主拉应力很小，但胸墙经常处于水下，必须进行抗裂计算。板内受力钢筋直径一般不小于8mm，间距为20～25cm；分布钢筋直径可取6～8mm，间距为30～40cm。顶梁受力不大，一般按构造配筋，但不宜少于3ϕ16。图2-103（d）为胸墙钢筋布置图，可供参考。

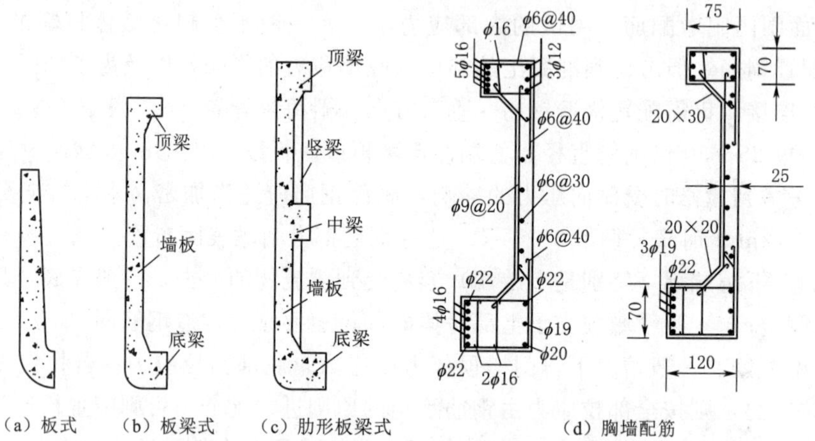

（a）板式　（b）板梁式　（c）肋形板梁式　（d）胸墙配筋

图 2-103　胸墙形式与配筋（单位：cm）

胸墙与闸墩的连接方式可根据闸室地基、温度变化条件、闸室结构横向刚度和构造要求等采用简支式或固接式，如图2-104所示。简支胸墙与闸墩分开浇筑，可避免在闸墩

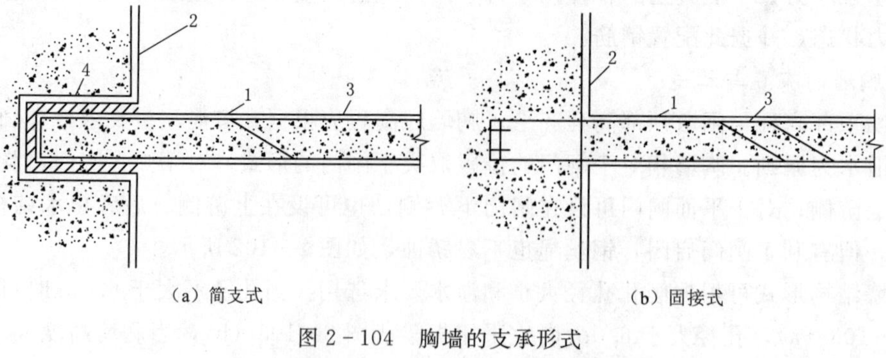

（a）简支式　（b）固接式

图 2-104　胸墙的支承形式

1—胸墙；2—闸墩；3—钢筋；4—涂沥青

附近迎水面出现裂缝，但截面尺寸较大。固接式胸墙与闸墩同期浇筑，胸墙钢筋伸入闸墩内，形成刚性连接，截面尺寸较小，容易在胸墙支点附近的迎水面产生裂缝。整体式底板可用固接式，分离式底板多用简支式。

5. 闸门与启闭机

闸门是水闸的关键部分，用它来封闭和开启孔口，以达到控制水位和调节流量的目的。

(1) 闸门。

1) 按工作性质分类。闸门按其工作性质的不同，可分为工作闸门、事故闸门和检修闸门等。工作闸门又称主闸门，是水工建筑物正常运行情况下使用的闸门。事故闸门是在水工建筑物或机械设备出现事故时，在动水中快速关闭孔口的闸门，又称快速闸门。事故排除后充水平压，在静水中开启。检修闸门用以临时挡水，一般在静水中启闭。

2) 按门体的材料分类。闸门按门体的材料可分为钢闸门、钢筋混凝土或钢丝网水泥闸门、木闸门及铸铁闸门等。钢闸门门体较轻，一般用于大、中型水闸。钢筋混凝土或钢丝网水泥闸门可以节省钢材，不需除锈但前者较笨重，启闭设备容量大；后者容易剥蚀，耐久性差，一般用于渠系小型水闸。铸铁门抗锈蚀，抗磨性能好，止水效果也好，但由于材料抗弯强度较低，性能又脆，故仅在低水头、小孔径水闸中使用。木闸门耐久性差，已日趋不用。

3) 按结构形式分类。闸门按其结构形式可分为平面闸门、弧形闸门、翻板闸门等。

平面钢闸门一般分为直升式和升卧式两种。直升式平面闸门是最常用的形式，闸体结构简单，可吊出孔口进行检修，所需闸墩长度较小，也便于使用移动式启闭机。其缺点是，启闭力较大，工作桥较高，门槽处易磨损。平面闸门一般采用单扉叶闸门，但当闸门较高时也可采用双扉叶闸门，如图 2-105 所示。

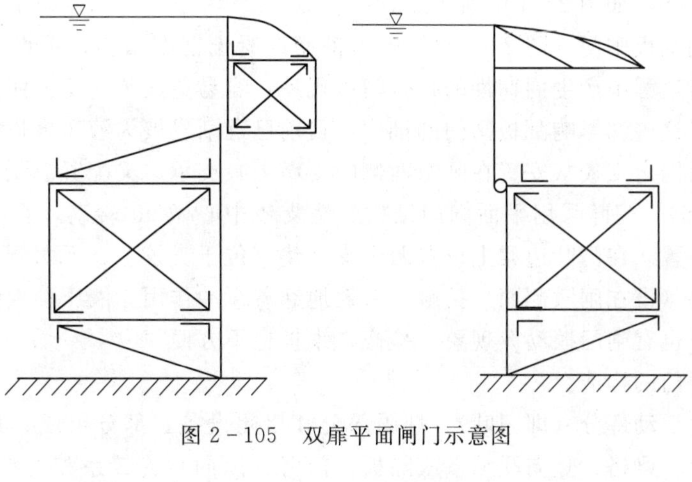

图 2-105　双扉平面闸门示意图

升卧式平面闸门是在直升式闸门的基础上发展起来的，如图 2-106 所示。闸门在关闭状态直立挡水，启门时首先直立上升，然后边上升边转动（向上游或向下游），全开时闸门平卧在闸墩顶部。这种闸门最大的特点是工作桥高度小，从而可以降低造价，提高抗震能力。闸门的吊点一般设在闸门底部的上游一侧，这样，启吊钢丝绳将长期浸在水中，易于锈蚀，为此，可将吊点位置放在下游一侧。

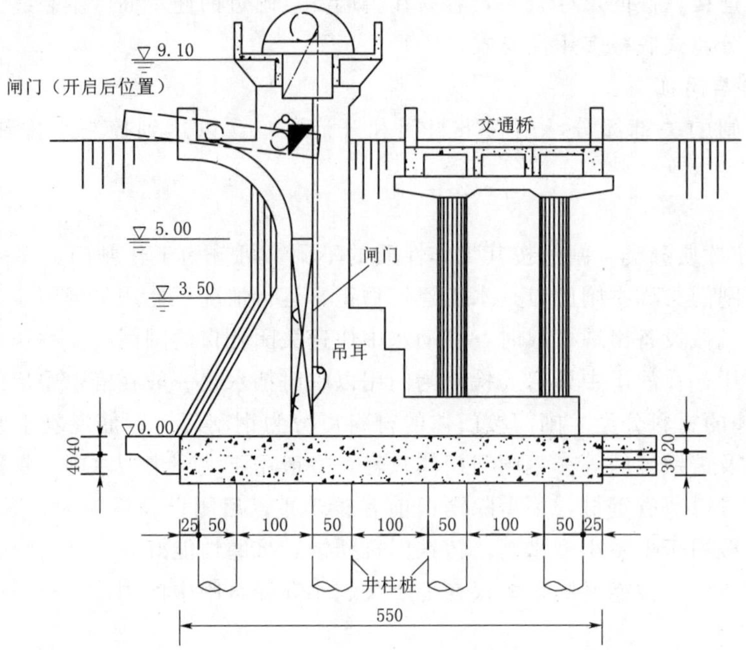

图 2-106　升卧式平面闸门

弧形闸门与平面闸门比较，其主要优点是启闭力小，可以封闭相当大面积的孔口；无影响水流态的门槽，闸墩厚度较薄，机架桥的高度较低，埋件少。它的缺点是需要的闸墩较长；不能提出孔口以外进行检修维护，也不能在孔口之间互换；总水压力集中于支铰处，闸墩受力复杂，如图 2-107 所示。

早期的自动翻板闸门（图 2-108）多用钢筋混凝土框架结构，不设启闭设备，造价虽低，但在翻转过程中产生周期性的拍打门墩现象，容易造成闸门受损而漏水，而且不能人工调节流量，这些都影响翻板闸门的推广。目前已逐渐发展为液压翻板闸门，门体材料采用钢材，并由固定支铰（安置在闸墩两侧的支墩上）支承，又配置液压启闭机作为控制设备（图 2-109）。门叶采用平面闸门结构，绕支铰中心做 90°转动，当孔径较大时，可选用双悬臂梁布置。在门叶边梁上设置两个支承垫（位于支铰上、下两侧），分别在全关、全开时与限位块（设在闸墩侧面）接触，有效地起着缓冲作用。液压翻板闸门虽然优点较多，但在过流时也有闸门振动等现象，检修、维护也不方便。

(2) 平面闸门的构造。

平面闸门由活动部分（即门叶）、埋固部分和启闭设备三部分组成。其中门叶由承重结构［包括面板、梁格、竖向联结系或隔板、门背（纵向）连接系和支承边梁等］、支承行走部件、止水装置和吊耳等组成（图 2-110）。埋固部分一般包括行走埋固件和止水埋固体等。启闭设备一般由动力装置、传动和制动装置以及连接装置等组成。

平面闸门的基本尺寸根据孔口尺寸确定。孔口尺寸应优先采用钢闸门设计规范中推荐的系列尺寸。露顶式闸门顶部应在可能出现的最高挡水位以上有 0.3～0.5m 的超高。

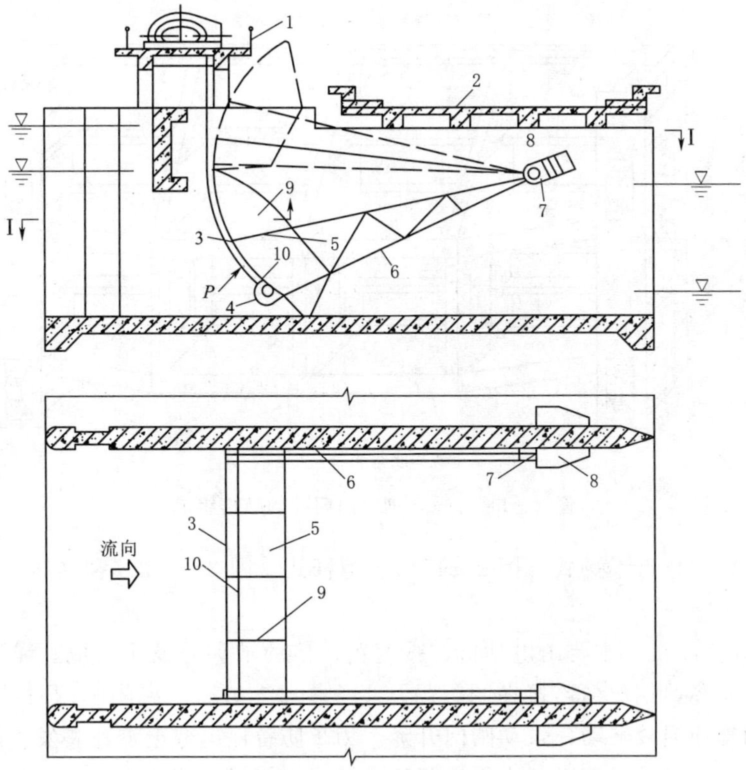

图 2-107　弧形闸门布置

1—工作桥；2—公路桥；3—面板；4—吊耳；5—主梁；6—支臂；7—支铰；8—牛腿；9—整隔板；10—水平次梁

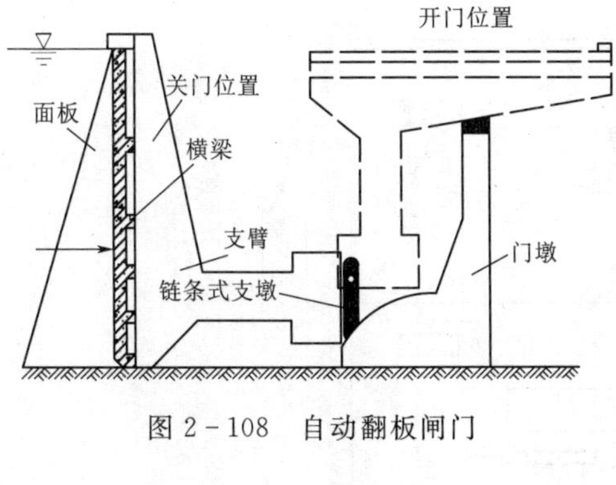

图 2-108　自动翻板闸门

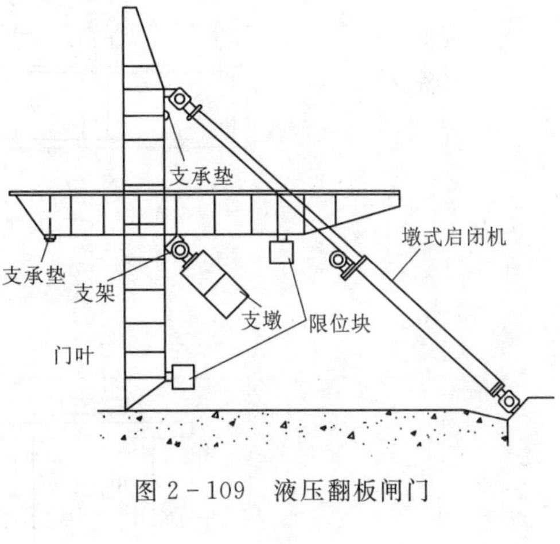

图 2-109　液压翻板闸门

(3) 启闭机。

闸门启闭机可分为固定式和移动式两种。启闭机形式可根据门型、尺寸及其运用条件等因素选定。选用启闭机的启闭力应不小于计算启闭力，同时应符合《水利水电工程启闭机设计规范》(SL 41—2018) 所规定的启闭机系列标准。

当多孔闸门启闭频繁或要求短时间内全部均匀开启时，每孔应设一台固定式启闭机。

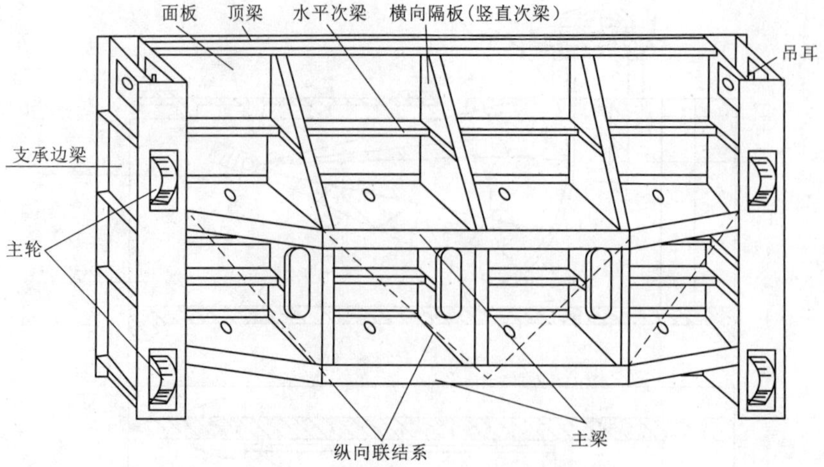

图 2-110 平面钢闸门门叶的结构组成

常用的固定式启闭机有卷扬式（图 2-111）、螺杆式（图 2-112）和油压式（图 2-113、图 2-114）三种。

1）卷扬式启闭机。主要由电动机、减速箱、传动轴和绳鼓所组成。绳鼓固定在传动轴上，围绕钢丝绳，钢丝绳连接在闸门吊耳上（图 2-111）。启闭闸门时，通过电动机、减速箱和传动轴使绳鼓转动，带动闸门升降。为了防备停电或电器设备发生故障，可同时使用人工操作，通过手摇箱进行人力启闭。卷扬式启闭机启闭能力较大，操作灵便，启闭速度快，但造价较高，适用于弧形闸门。某些平面闸门能靠自重（或加重）关闭，且启闭

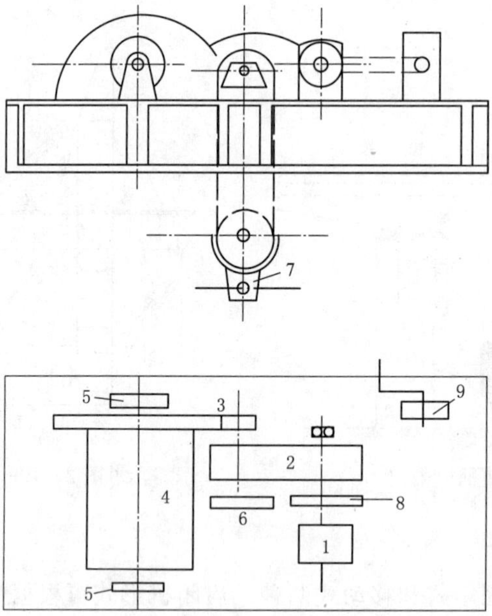

图 2-111 卷扬式启闭机

1—电动机；2—减速器；3—开式齿轮；4—绳鼓；
5—轴承座；6—定滑轮；7—动滑轮；8—制动器；9—手摇装置

力较大时，也可采用卷扬式启闭机。

2）螺杆式启闭机。当闸门尺寸和启闭力都很小时，常用简便、廉价的单吊点螺杆式启闭机（图 2-112）。螺杆与闸门连接，用机械或人力转动主机，迫使螺杆连同闸门上下移动。当水压力较大、门重不足时，为使闸门关闭到底，可通过螺杆对闸门施加压力。当螺杆长度较大（如大于 3m）时，可在胸墙上每隔一定距离设支撑套环，以防止螺杆受压失稳。其启闭重量一般为 3～100kN。

3）油压式启闭机。近年来使用较多。油压启闭机的布置、构造、组成如图 2-113、图 2-114 所示，其主体为油缸和活塞。活塞经活塞杆或连杆和闸门连接，改变油管中的压力即可使活塞带动闸门升降。其优点是利用油泵产生的液压传动，可用较小的动力获得很大的启重力；液压传动比较平稳和安全；较易实行遥控和自动化等。主要缺点是缸体内圆镗的加工受到各地条件的限制，质量不易保证，造价也较高。

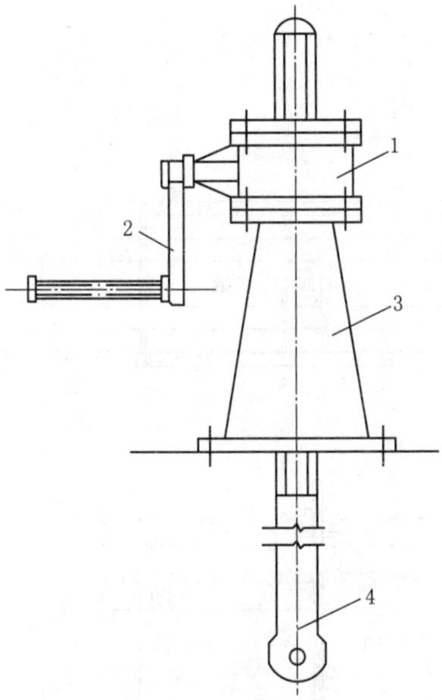

图 2-112　螺杆式启闭机

1—齿轮箱；2—手握把；

3—支座；4—螺杆

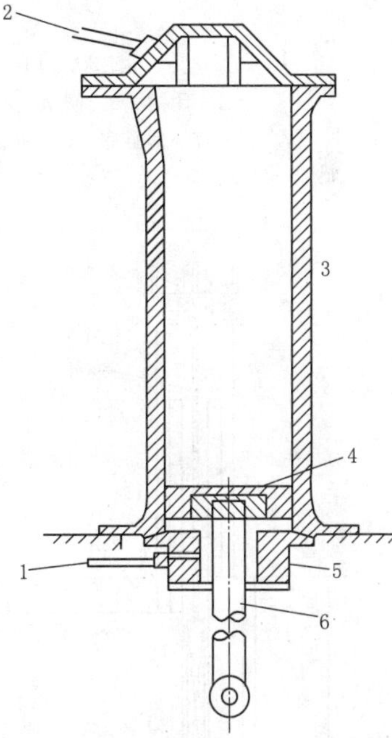

图 2-113　提升式油压启闭机构造示意图

1—进油；2—回油；3—油缸；4—柱塞；

5—密封圈；6—柱塞杆

6. 工作桥与交通桥布置

（1）工作桥。工作桥是为安装启闭机和便于工作人员操作而设在闸墩上的桥（图 2-115）。当桥面很高时，可在闸墩上部设排架支承工作桥。工作桥设置高程与门型有关。如平面闸门，当采用固定式启闭机时，由于闸门开启后悬挂的需要，应使闸门提升后不影响泄放最大流量，并留有一定的裕度。如采用活动式启闭机，桥高则可适当降低。若采用升卧式平面闸门，由于闸门全开后处于平卧位置，因而工作桥可以做得较低。小型水闸的工作桥一般采用板式结构，大中型水闸多采用板梁结构。工作桥的总宽度取决于启闭机的类型、容量和操作需要。小型水闸总宽度在 2.0～2.5m 之间，大型在 2.5～4.5m 之间。

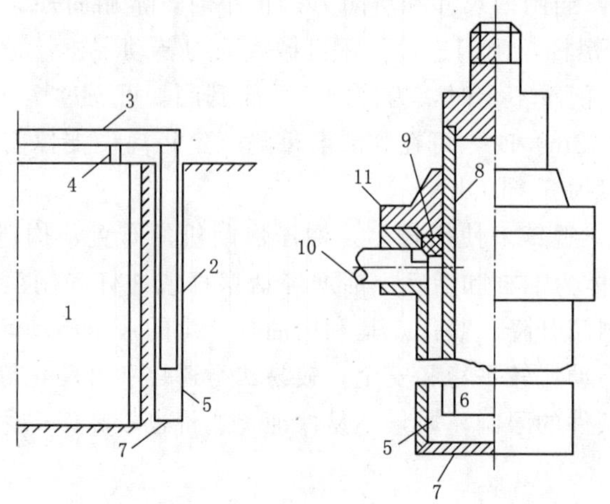

图 2-114 顶升式油压启闭机构造示意图

1—闭门；2—闸墩；3—顶升梁；4—连接杆；5—油缸；6—副塞；
7—油缸底；8—油盖；9—橡胶油封；10—油管；11—密封间

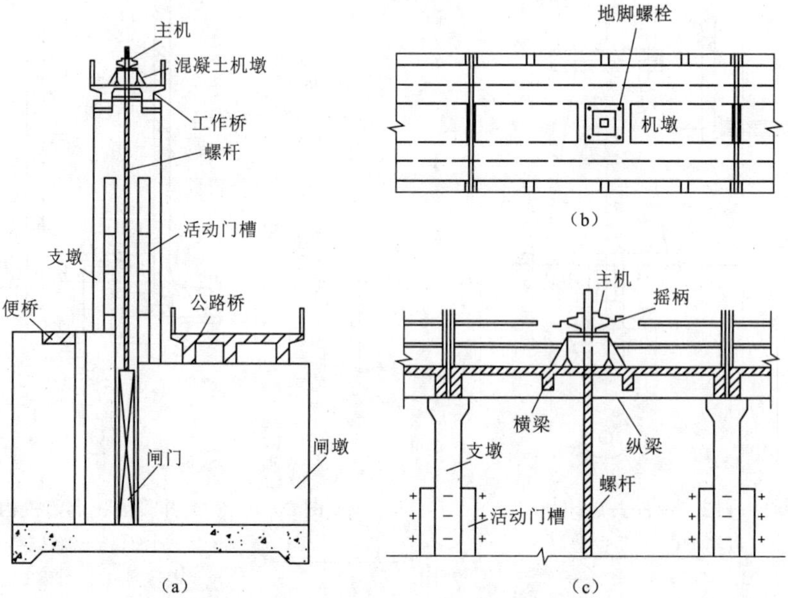

图 2-115 螺杆式启闭机工作桥布置图

(2) 交通桥。交通桥的位置应根据闸室稳定及两岸交通连接等条件确定，通常布置在闸室下游。仅供人畜通行的交通桥，其宽度常不小于 3m；行驶汽车等的交通桥，应按交通运输部制定的规范进行设计，一般公路单车道净宽 4.5m，双车道净宽 7～9m。交通桥的形式可采用板式、板梁式和拱式，中、小型工程可使用定型设计。

7. 闸室的分缝及止水设备布置

(1) 分缝方式及布置。

水闸沿轴线每隔一定距离必须设沉降缝，兼作温度缝，以免闸室因地基不均匀沉降及温度变化而产生裂缝。缝距一般为15～30m，缝宽为2～3cm，视地基及荷载变化情况而定。

整体式底板闸室沉降缝一般设在闸墩中间，一孔、两孔或三孔一联，成为独立单元，其优点是保证在不均匀沉降时闸孔不变形，闸门仍然正常工作。靠近岸边时，为了减轻墙后填土对闸室的不利影响，特别是在地质条件较差时，最多一孔一缝或两孔一缝，而后再接两孔或三孔的闸室［图2-116（a）］。如果地基条件较好，也可以将缝设在底板中间［图2-116（b）］，这样不仅减小闸墩厚度和水闸总宽，底板受力条件也可改善，但地基不均匀沉降可能影响闸门工作。

土基上的水闸，不仅闸室本身分缝，凡相邻结构荷重相差悬殊或结构较长、面积较大的结构，都要设缝分开。例如，铺盖、护坦与底板、翼墙连接处都应设缝；翼墙、混凝土铺盖及消力池底板本身也需分段、分块（图2-117）。

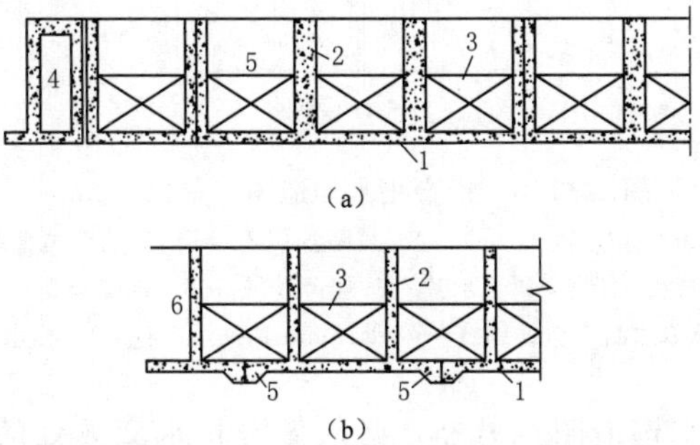

图2-116　闸底板分缝形式

1—底板；2—闸墩；3—闸门；4—岸墙；5—沉降缝；6—边墩

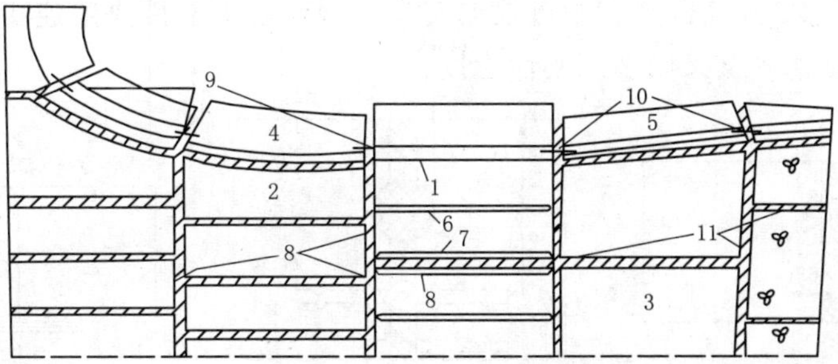

图2-117　水闸分缝布置图

1—边墩；2—混凝土铺盖；3—消力池；4—上游翼墙；5—下游翼墙；6—中墩；7—缝墩；8—柏油油毛毡嵌紫铜片；9—垂直止水甲；10—垂直止水乙；11—柏油油毛毡止水

（2）止水。

凡具有防渗要求的缝，都应设止水设备。止水分铅直和水平止水两种。前者设在闸墩中间、边墩与翼墙间以及上游翼墙本身；后者设在铺盖、消力池与底板和翼墙、底板与闸墩间以及混凝土铺盖及消力池本身的温度沉降缝内。在无防渗要求的缝中，一般铺贴沥青毛毡。

图 2－118 为铅直止水构造图。图 2－118（a）、（b）均为闸墩止水，一般布置在闸门上游，以减少缝墩侧向压力。图 2－118（a）型施工简便，采用较广；图 2－118（b）型能适应较大的不均匀沉降，但施工麻烦；图 2－118（c）型构造简单，施工方便，适用于不均匀沉降较小或防渗要求较低的缝位，如岸墙与翼墙的止水等。在接缝底部与地基土壤接触处常铺有 2～3 层油毛毡沥青麻布或回填黏土，以提高防渗效果。

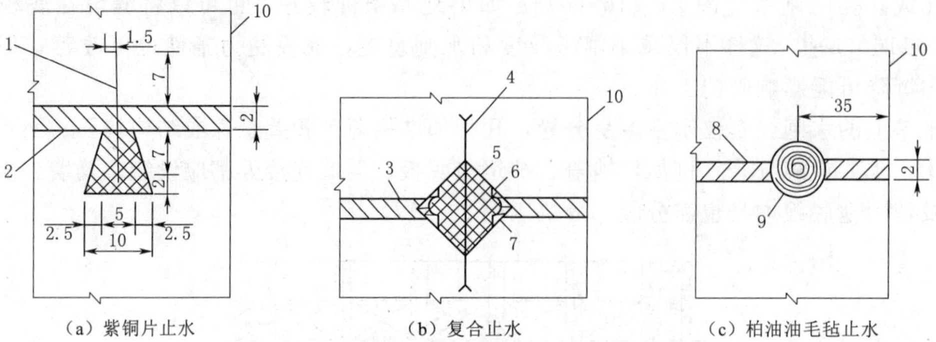

图 2－118　铅直止水构造图（单位：cm）

1—紫铜片和镀锌铁片（厚 0.1cm，宽 18cm）；2—两侧各 0.25cm 柏油油毛毡伸缩缝，其余为柏油沥青席；3—沥青油毛毡及沥青杉板；4—金属止水片；5—沥青填料；6—加热设备；7—角铁（镀锌铁片）；8—柏油油毛毡伸缩缝；9—ϕ10mm 柏油油毛毡 10—临水面

图 2－119 为水平止水构造图。另外，必须做好止水交叉处的连接，否则容易形成渗水通道。交叉有两类：一类是铅直交叉，另一类是水平交叉。交叉处止水片的连接方式也可分为两种：一种是柔性连接，即将金属止水片的接头部分埋在沥青块体中，如图 2－120（a）、（b）所示；另一种是刚性连接，即将金属止水片剪裁后焊接成整体，如图 2－120（c）、（d）所示。在实际工程中可根据交叉类型及施工条件决定连接方式。铅直交叉常用柔性连接，而水平交叉则多用刚性连接。

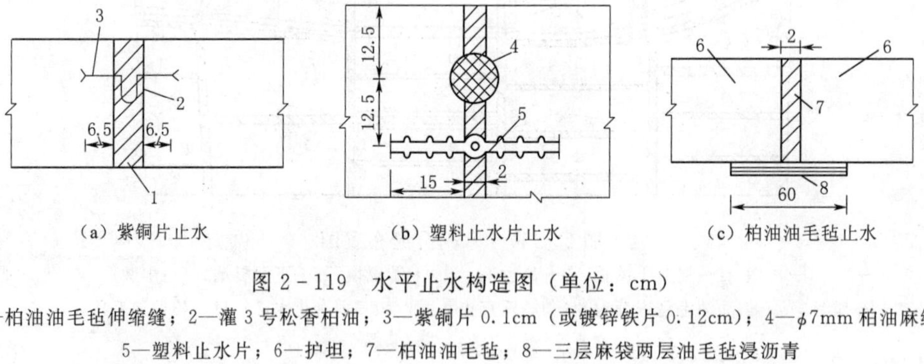

图 2－119　水平止水构造图（单位：cm）

1—柏油油毛毡伸缩缝；2—灌 3 号松香柏油；3—紫铜片 0.1cm（或镀锌铁片 0.12cm）；4—ϕ7mm 柏油麻绳；5—塑料止水片；6—护坦；7—柏油油毛毡；8—三层麻袋两层油毛毡浸沥青

8. 地基处理及桩基布置

根据工程实践，当黏性土地基的标准贯入击数大于 5，砂性土地基的标准贯入击数大于 8 时，可直接在天然地基上建闸，不需要进行处理。但对淤泥质土、高压缩性黏土和松

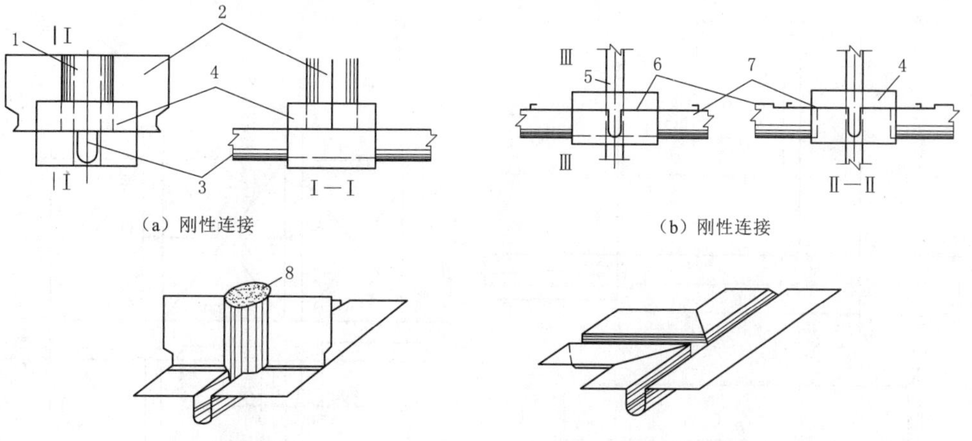

（a）刚性连接　（b）刚性连接

（c）柔性连接　（d）柔性连接

图 2-120　止水交叉结构图

1—铅直缝；2—铅直止水片；3—水平止水片；4—沥青块体；5—接缝；
6—纵向水平止水；7—横向水平止水；8—沥青柱

砂所组成的软弱地基，则需处理。常用的处理方法有以下几种。

（1）换土垫层。换土垫层法是工程上广为采用的一种地基处理方法，适用于软弱黏性土，包括淤泥质土。当软土层位于基面附近且厚度较薄时，可全部挖除。如软土层较厚不宜全部挖除，可采用换土垫层法处理，将基础下的表层软土挖除，换以砂性土，水闸即建在新换的土基上，如图 2-121（a）所示。

砂垫层的主要作用是：①通过垫层的应力扩散作用，减小软土层所受的附加应力，提高地基的稳定性；②减小地基沉降量；③铺设在软黏土上的砂层具有良好的排水作用，有利于软土地基加速固结。

垫层的厚度一般为 1.5～3.0m。垫层的宽度通常选用建筑物基底压力扩散至垫层的宽度再加 2～3m。垫层材料以中壤土最为适宜，含砾黏土以及级配良好的中砂、粗砂也是适宜的，至于粉砂和细砂，因其容易“液化”，不宜作为垫层材料。

（2）桩基础法。水闸桩基础通常应采用摩擦型桩（包括摩擦桩和端承摩擦桩），即桩顶荷载全部或主要由桩侧摩阻力承受。桩的根数和尺寸按照承担底板底面以上的全部荷载（包括竖向荷载和水平向荷载）确定，不考虑桩间土的承载能力。在同一块底板下，不应采用直径、长度相差过大的摩擦型桩，也不应同时采用摩擦桩和端承型桩。

桩的根数由单桩的允许水平承载力计算确定。桩位确定后，即可根据单桩承受的铅直荷载和单桩允许铅直承载力确定桩长。灌注桩长度尚需满足嵌固条件，即桩长要大于 12 倍桩径。对大型水闸，单桩允许铅直承载力应由现场试验验证。

常用的灌注桩直径为 0.6～1.2m。桩的平面布置应尽量使桩群的重心与底板以上各种荷载的合力作用点相接近，以使每根桩上受力接近相等。桩在顺水流方向一般设一排，等距布置［图 2-121（c）］；当孔径较大、桩数较多、一排布置不下时，可设两排或三排，每排桩数不宜少于四根，在平面上呈梅花形、矩形或正方形［图 2-121（b）］。预制桩的中心距不应小于 3 倍桩径，钻孔灌注桩的中心不应小于 2.5 倍桩径。

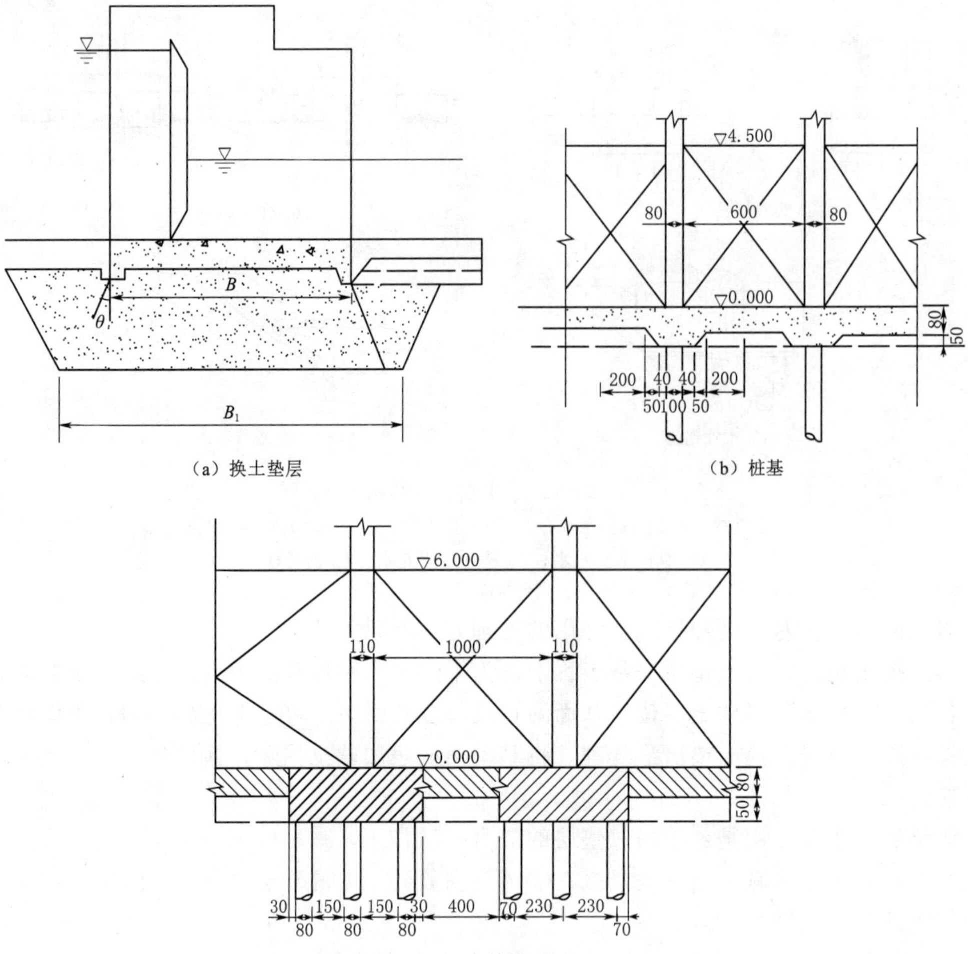

(a) 换土垫层　　(b) 桩基

(c) 桩基

图 2－121　地基处理措施（高程单位：m；其他单位：cm）

(3) 沉井基础法。沉井基础与桩基础同属深基础，也是工程上广为采用的一种地基处理方法。

沉井是一筒状结构物，可以用浆砌块石、混凝土或钢筋混凝土筑成。施工时一般就地分节砌筑或浇筑制成沉井，然后在井孔内挖土，这时沉井在自重下克服井外土的摩阻力和刃脚下土的阻力而下沉，当下沉至设计高程后，在井孔内用混凝土封底（也可不封底）即成沉井基础。如图 2－122 所示。

沉井基础的平面布置多呈矩形。沉井的平面尺寸不宜过大，单个沉井的长边不宜大于 30m，长度比不宜大于 3.0。

当地基存在承压水层且影响地基抗渗稳定性时，不宜采用沉井基础。

此外，还有预压加固法、挤密砂桩法等地基处理方法。

近年来，随着科学技术的发展，新的地基处理方法不断提出，如振冲砂（碎石）桩法、强夯法、旋喷浆液法、真空预压法、硅化法、电渗法等，其中有的方法正在逐步推广

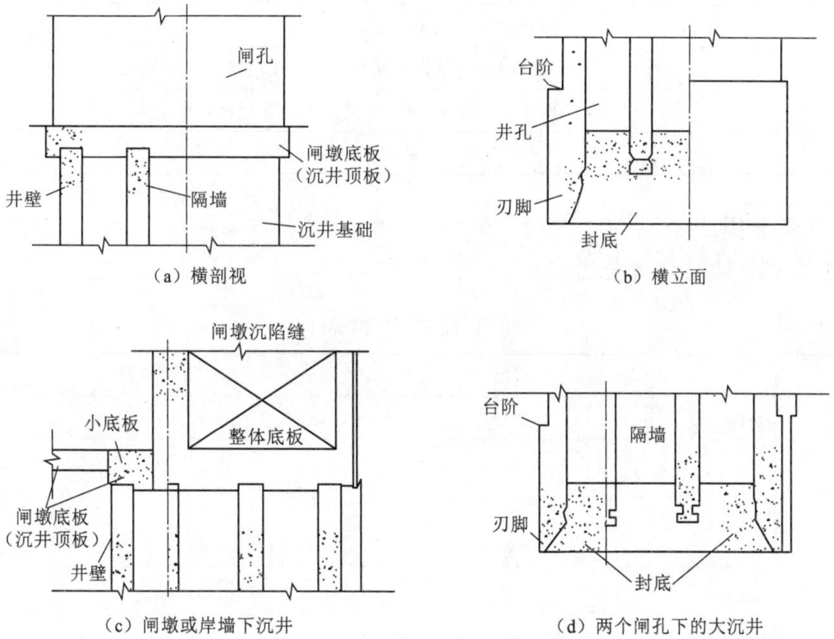

图 2-122　沉井基础

应用，有的用于大面积的水闸地基处理尚有困难，有的造价太高、不经济，本书不再详细介绍。

任务情景三　下游连接段建模

（一）工作任务

下游连接段具有消能和扩散水流的作用，一般包括护坦、海漫、下游防冲槽、下游翼墙及护坡等。下游翼墙引导水流均匀扩散，兼有防冲及侧向防渗等作用；护坦具有消能防冲作用；海漫的作用是进一步消除护坦出流的剩余动能、扩散水流、调整流速分布、防止河床受冲；下游防冲槽是海漫末端的防护设施，避免冲刷向上游扩展。朱曲节制闸的消能防冲设施有消力池、海漫、下游抛石防冲槽。根据水力计算成果，闸室下游布置设置1.0m长的出流平台，其后接消能防冲设施，消力池选用挖深式消力池，消力池长12.0m，池深0.5m，以1∶5的斜坡与底板连接，斜坡段长2.5m。按抗冲要求，护坦厚度0.5m，其下铺设0.1m厚的粗砂垫层及350kg/m^2的土工布。消力池末端布置海漫，长20m，前5m采用平坡段，后15m采用1∶50的斜坡段。海漫均采用0.5m厚的格宾石笼结构，下部铺设0.1m厚的碎石垫层。海漫末端布置防冲槽，防冲槽为梯形断面，底宽2m，深0.73m，上、下游边坡均为1∶3。该部分的工作任务是采用Revit软件创建朱曲节制闸下游连接段的三维Revit模型。

（二）工作目标

该任务的工作目标包括知识目标、技能目标和思政目标。

表2-9　下游连接段建模工作目标

任务情景三　下游连接段建模	
知识目标	掌握应用 Revit 软件创建水闸下游连接段的方法和技巧
技能目标	具有应用 Revit 软件创建水闸下游连接段的能力
思政目标	主动学习、团队合作、精益求精、专业自豪

(三) 任务分组

按照表2-10填写任务分组名单。

表2-10　学生任务分组表

组号		班级		指导老师	
组长		学号			
组员					
任务分工					

(四) 引导问题

(1) 节制闸下游连接段包括哪两大部分?

(2) 节制闸下游消力池各部分尺寸是多少?

(3) 节制闸下游消力池 Revit 建模时要划分成多少个部分进行?

（4）节制闸下游海漫段的长度和宽度分别是多少？

（5）节制闸下游海漫段 Revit 建模时要划分成多少个部分进行？

（6）从 Revit 三维建模的角度看，朱曲节制闸下游连接段可以分成多少个部分？

（五）工作计划

（1）节制闸消力池建模。

（2）节制闸下游翼墙建模。

（3）节制闸海漫段建模。

（4）节制闸下游护坡建模。

（5）节制闸防冲槽建模。

（6）节制闸下游护底建模。

（六）工作实施

节制闸下游连接段 Revit 三维模型创建操作步骤如下。

1. 创建消力池模型

（1）创建标高。

在项目浏览器中展开“立面”项，双击视图名称“南”进入南立面视图，创建标高62.650、64.250、64.750、68.000、68.960，如图 2－123 所示。将创建的标高添加至楼层平面。

图 2－123　创建标高

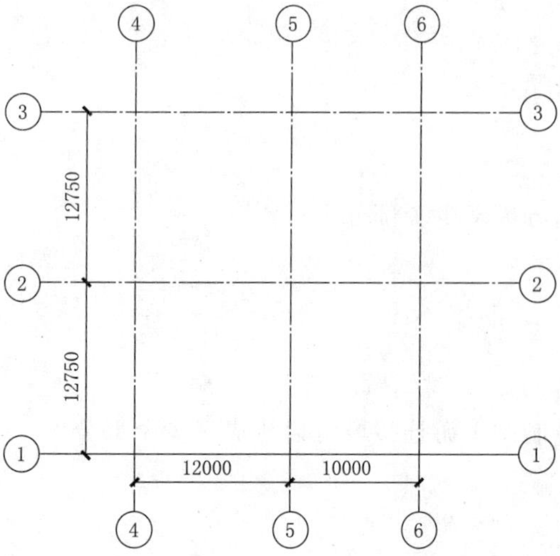

图 2-124　绘制轴网

（2）绘制轴网。在项目浏览器中双击“楼层平面”标高 62.650 的视图，进入平面视图。单击选项卡“建筑”\“轴网”命令，绘制轴线，如图 2-124 所示。

（3）绘制消力池底板。在项目浏览器中双击“立面”，进入南立面视图。单击选项卡“建筑”\“构件”\“内建模型”命令，在族类别和族参数对话框中，选择“常规模型”，采用“拉伸”命令，绘制消力池底板特征面。拉伸完成底板模型，如图 2-125、图 2-126 所示。

（4）绘制消力池底板排水孔。选择“创建”的“空心形状”命令，点击“空心拉伸”命令，在楼层平面视图上绘制排水孔特征面，拉伸完成排水孔三维模型，如图 2-127、图 2-128 所示。

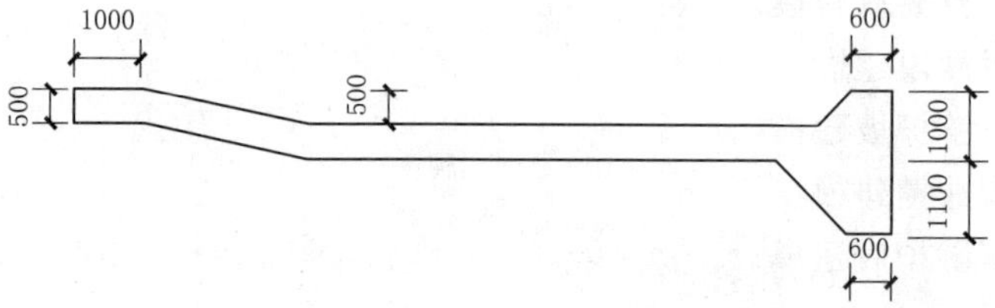

图 2-125　消力池底板特征面

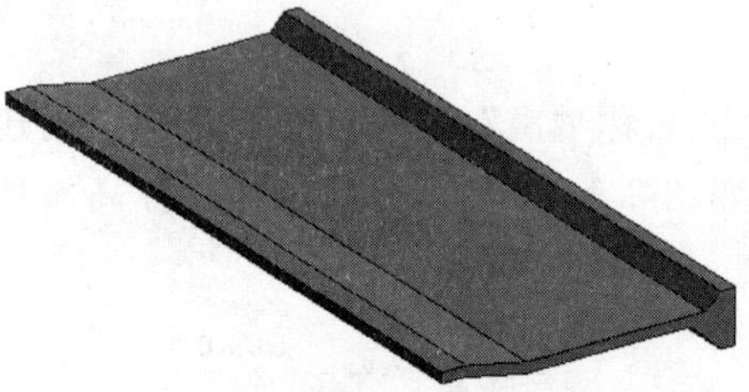

图 2-126　消力池底板模型

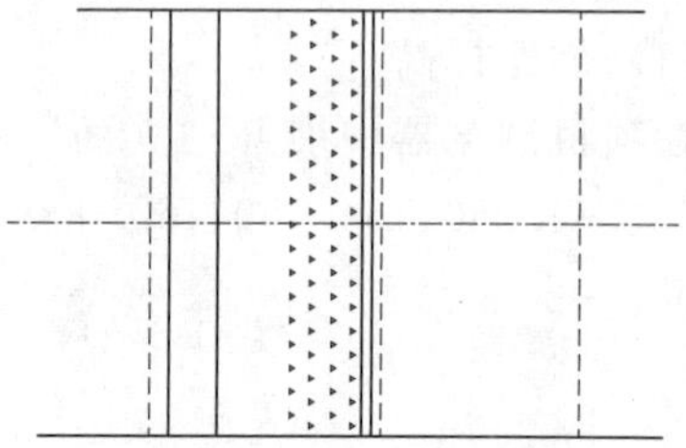

图 2-127　绘制排水孔特征面

（5）绘制消力池翼墙。翼墙用“内建模型”的“拉伸”命令进行绘制。转换视图到“西立面”，绘制翼墙特征面，按尺寸进行拉伸，完成消力池翼墙的模型，如图 2-129、图 2-130 所示。绘制翼墙的排水孔，转换视图到“南立面”，绘制特征面，拉伸完成，如图 2-131、图 2-132 所示。

2. 创建下游翼墙模型

（1）下游翼墙。海漫段翼墙采用“常规模型”的“放样”命令建模，先绘制放样路径，如图 2-133 所示。再编辑轮廓，转换视图到“东立面”，绘制特征面，完成挡土墙的三维模型，如图 2－134、图 2－135 所示。

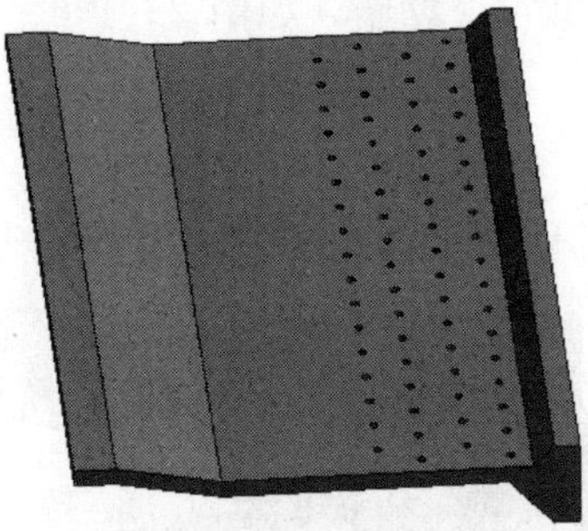

图 2－128　排水孔效果

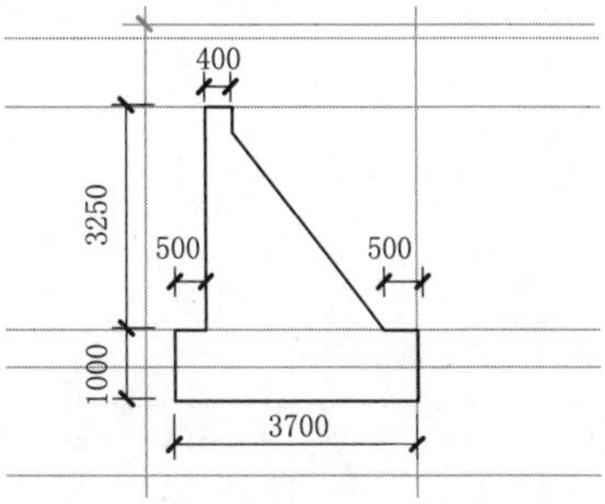

图 2－129　消力池翼墙特征面

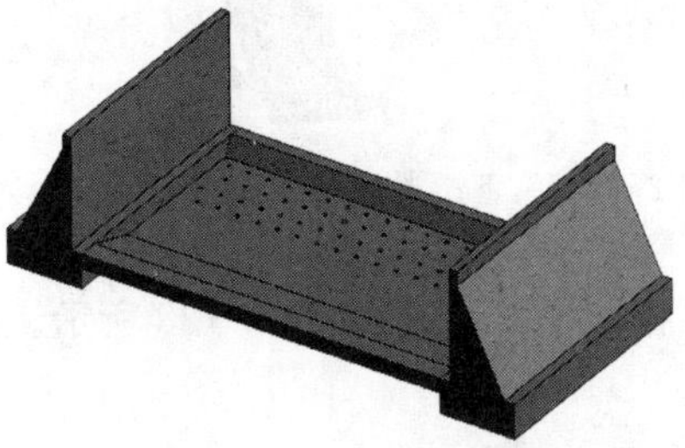

图 2－130　消力池翼墙模型

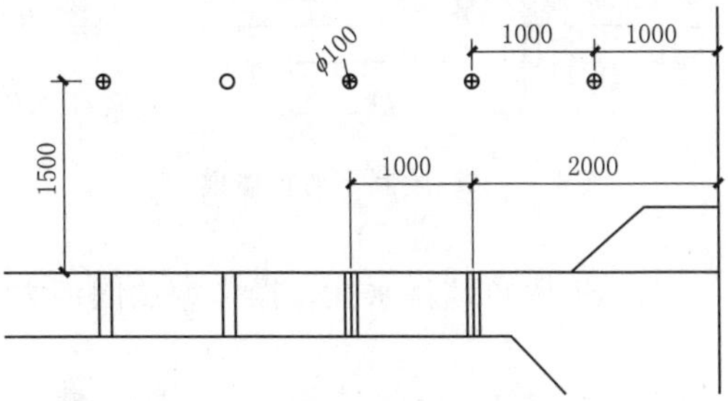

图 2－131　选择“空心拉伸”命令

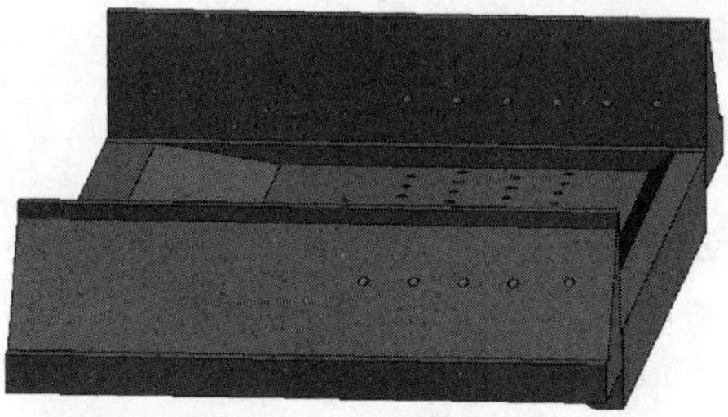

图 2－132　消力池模型

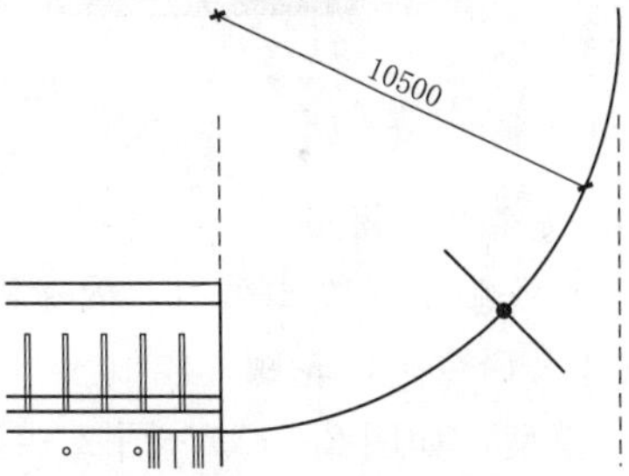

图 2－133　绘制路径

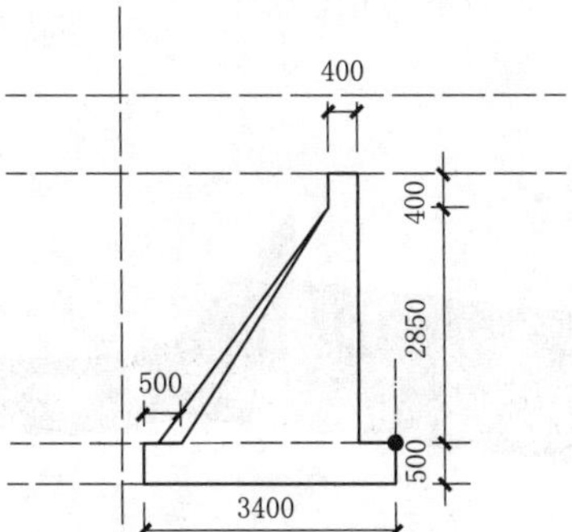

图 2－134　绘制翼墙特征面

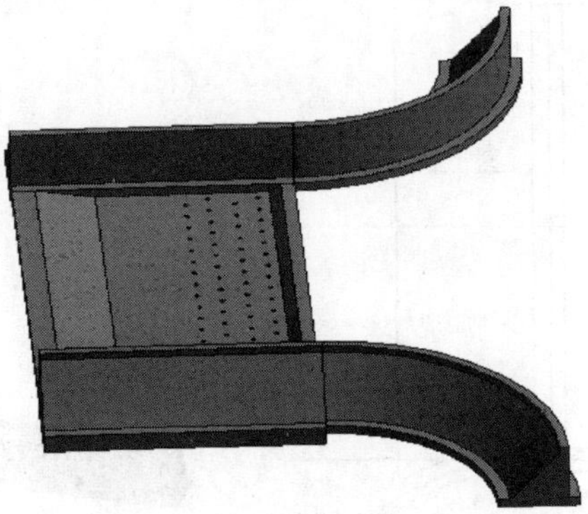

图 2－135　海漫段翼墙三维模型

翼墙部分用“内建模型”的“拉伸”命令，转换视图到“南立面”，绘制翼墙特征面，按尺寸进行拉伸，完成左岸翼墙模型，同样命令做出右岸翼墙，如图 2－136、图 2－137 所示。

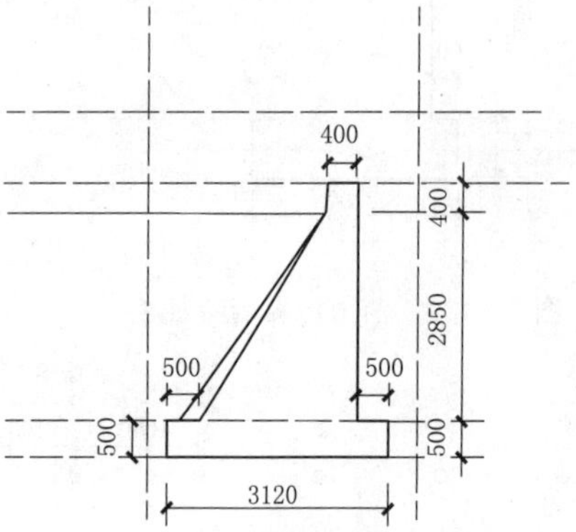

图 2－136　绘制下游翼墙模型

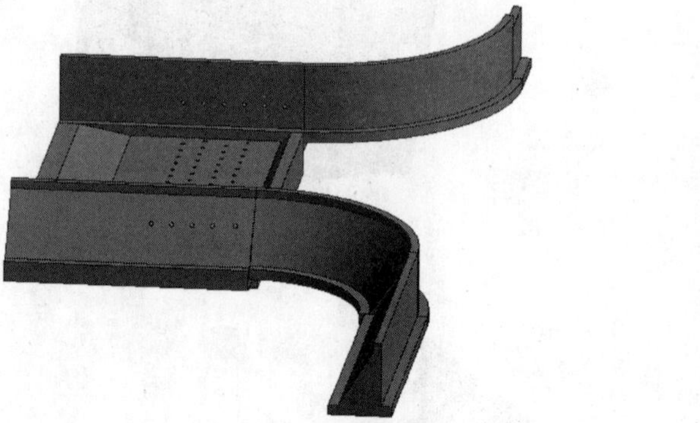

图 2－137　下游翼墙三维模型

（2）下游翼墙排水孔。操作方法同消力池翼墙排水孔，模型效果如图 2－138 所示。

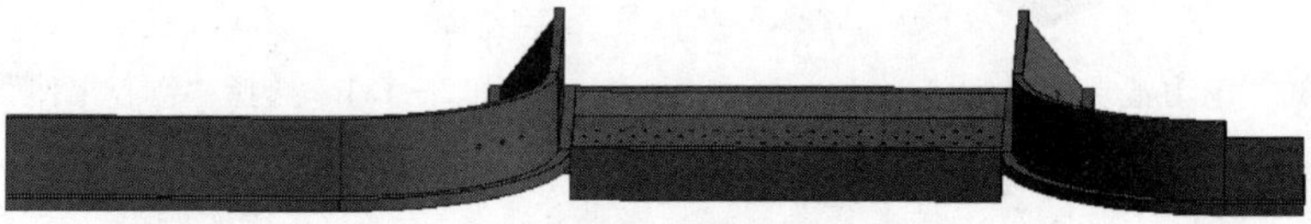

图 2－138　排水孔三维模型

3. 创建海漫模型

（1）海漫水平段。采用“内建模型”的“拉伸”命令，在楼层平面标高 64.750 上用“拾取线”命令拾取轮廓，绘制水平段特征面，长度为 5000mm，拉伸厚度为 500mm，拉伸完成模型，如图 2－139、图 2－140 所示。

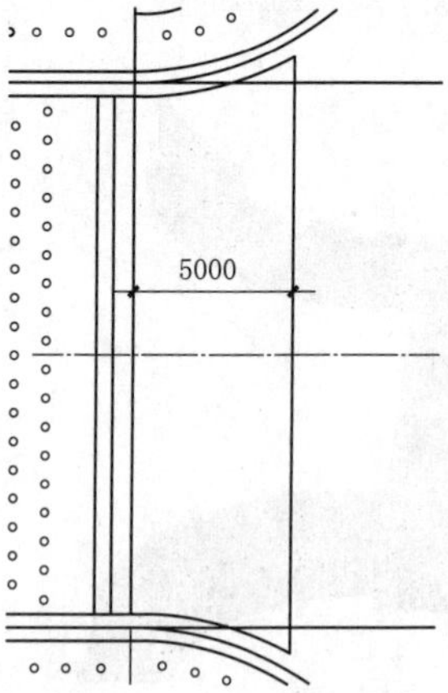

图 2－139　水平段特征面

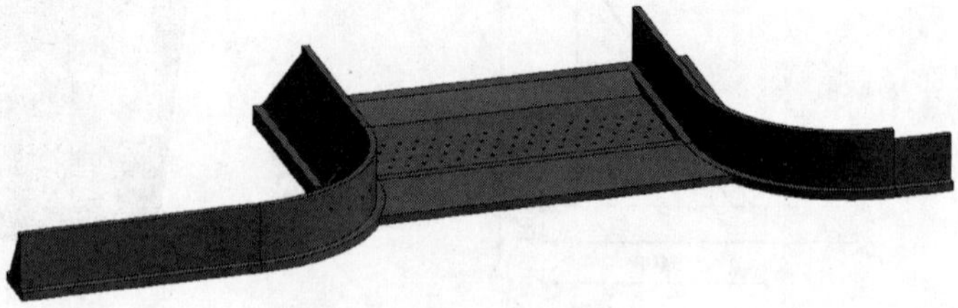

图 2－140　水平段模型

（2）海漫斜坡段。采用“内建模型”的“拉伸”命令，在楼层平面 64.750 上绘制斜坡段特征面，厚度为 500mm，完成模型，如图 2-141、图 2-142 所示。

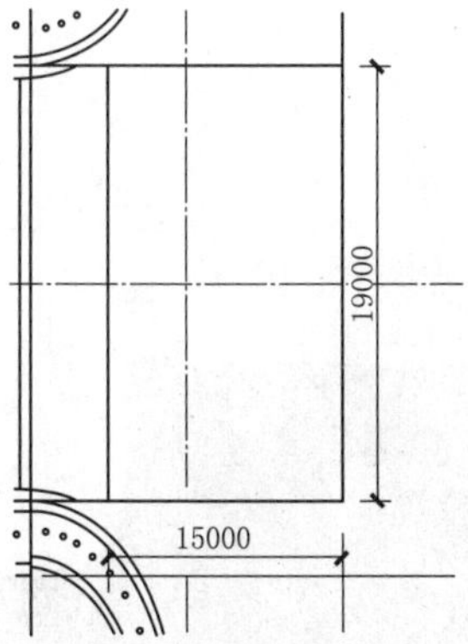

图 2-141　斜坡段特征面

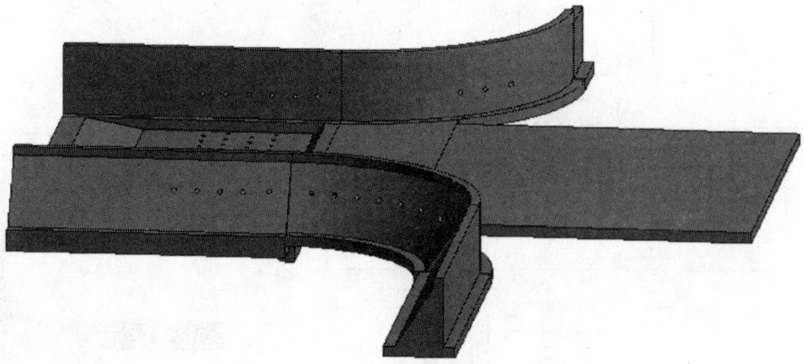

图 2-142　斜坡段模型

4. 创建下游护坡

下游护坡分为三部分创建。

第一段护坡（海漫斜坡段）用“内建模型”的“拉伸”命令创建，转换视图到“南立面”，绘制护坡特征面，如图 2-143 所示，按尺寸进行拉伸，完成护坡模型，如图 2-144 所示。

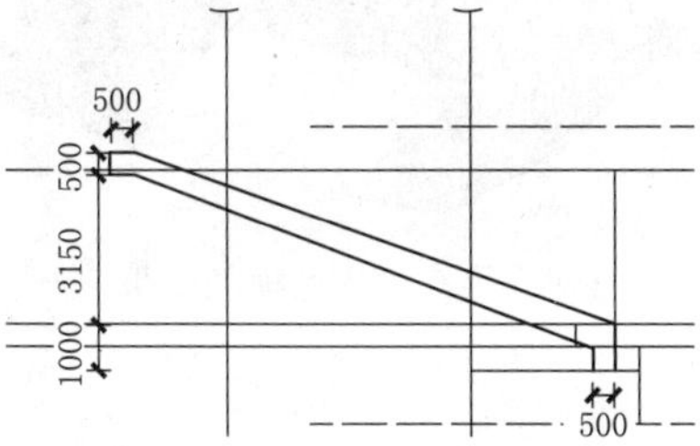

图 2-143　护坡特征面

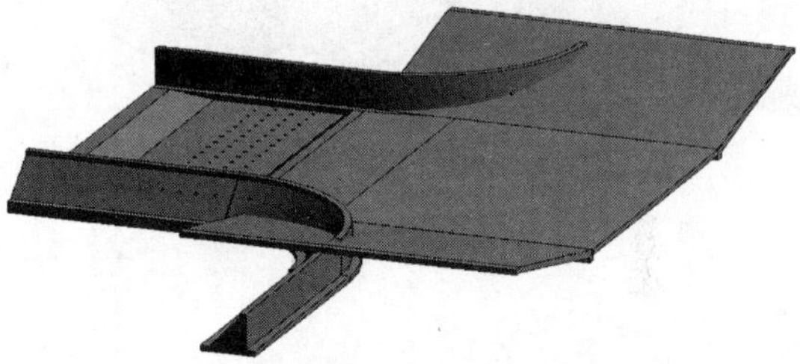

图 2-144　护坡模型

采用“空心拉伸”进行剪切。在楼层平面上绘制剪切特征面，拉伸特征面，如图 2-145 所示，进行剪切。如果是在一个常规模型中创建，需要双击“取消剪切几何图形”命令，针对多剪切的部分进行修复。模型效果如图 2-146 所示。

第二段护坡（防冲槽）的尺寸与形状与第一段相同，操作方法同上。模型效果如图 2-147 所示。

第三段护坡（下游护底）的左右端面形状不一样，需要用“融合”命令创建。在进行端面绘制时，左端面直接用“拾取线”命令拾取上一段护坡端面，右端面需要做 12°的参考线/面进行定位。两端面绘制完成，用“融合”“镜像”命令完成护坡模型，如图 2-148 所示。

5. 创建防冲槽

在楼层平面标高 64.750 上绘制防冲槽的顶部和底部特征面，采用“融合”命令创建模型，如图 2－149～图 2－151 所示。再采用“空心融合”命令进行防冲槽的剪切，同样在楼层平面 64.750 上绘制防冲槽的顶部和底部特征面，完成防冲槽模型，如图 2－152～图 2－154 所示。

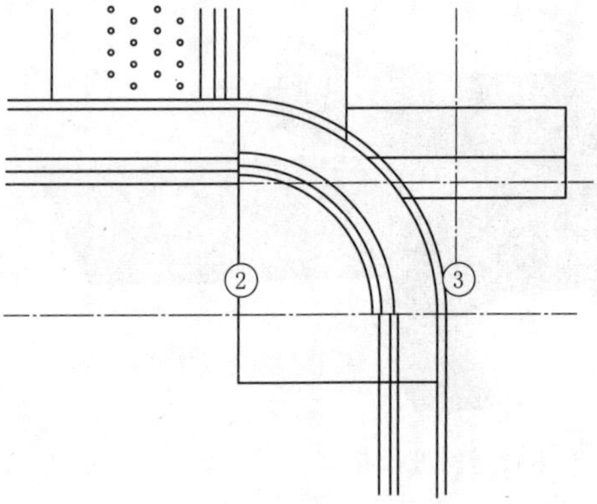

图 2－145　绘制空心拉伸特征面

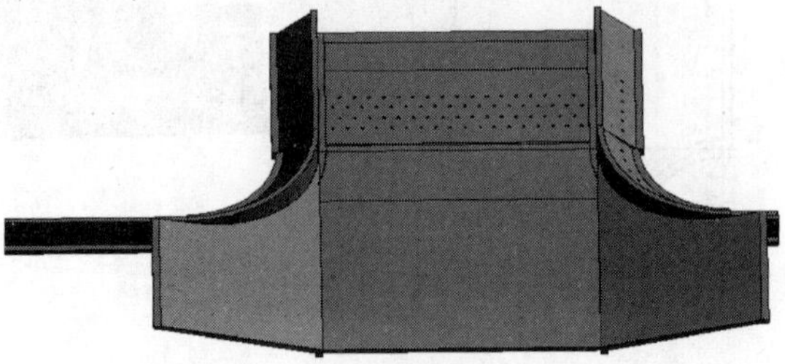

图 2－146　护坡模型效果

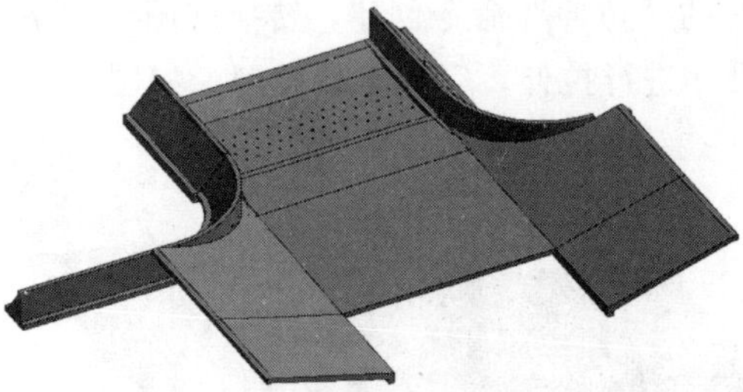

图 2－147　第二段护坡模型效果

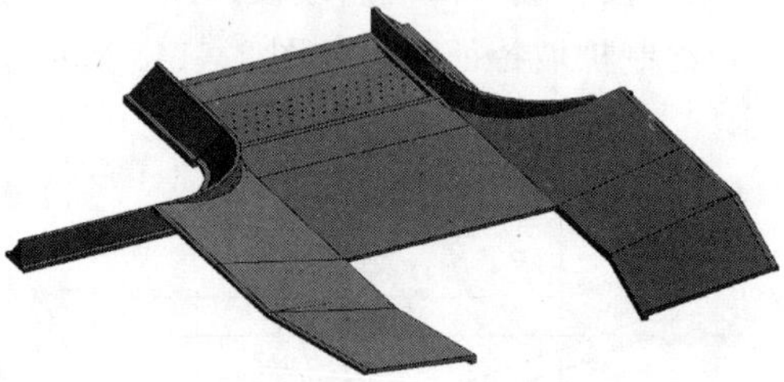

图 2－148　第三段护坡模型效果

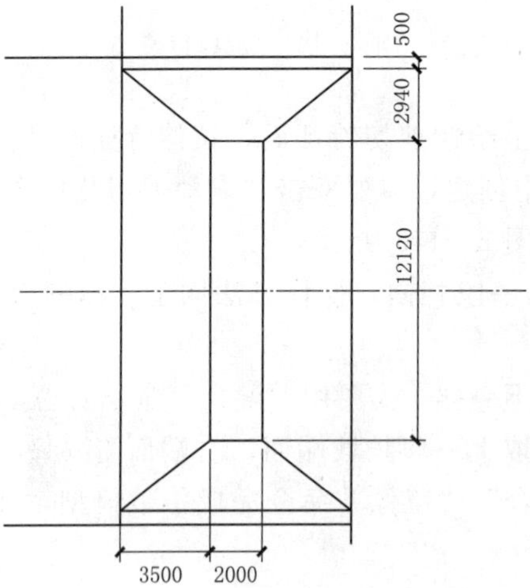

图 2－149　编辑底部

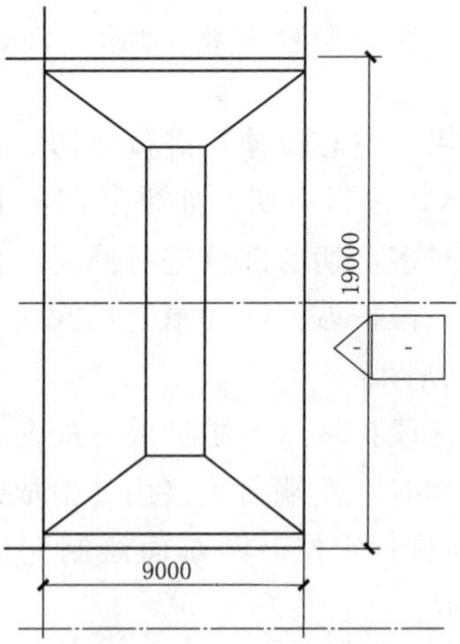

图 2－150　编辑顶部

图 2-151　采用"融合"命令创建模型

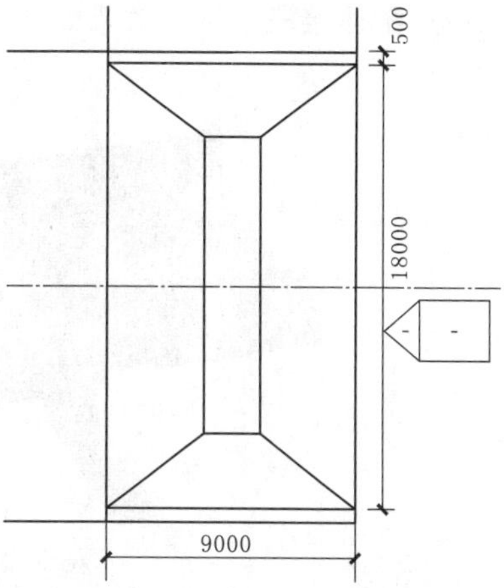

图 2-152　绘制顶部特征面

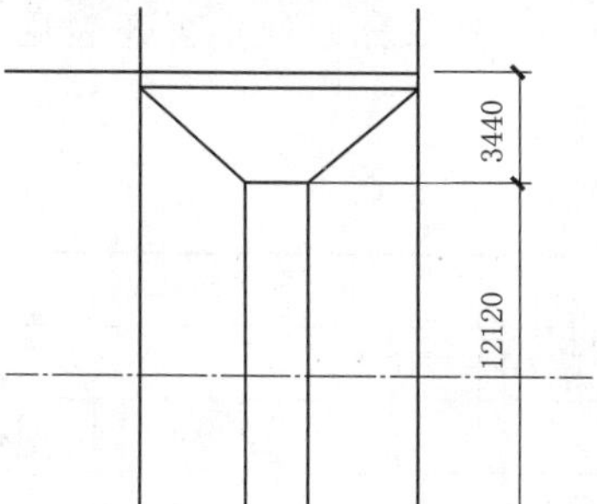

图 2-153　绘制底部特征面

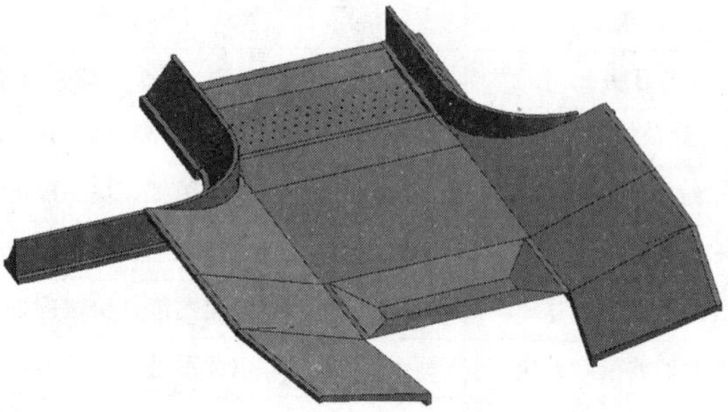

图 2-154　防冲槽三维模型

6. 创建下游护底

在楼层平面 64.250 上采用"拉伸"命令，编辑护底厚度为 500mm，绘制护底特征面，如图 2-155 所示，完成下游护底模型，如图 2-156 所示。

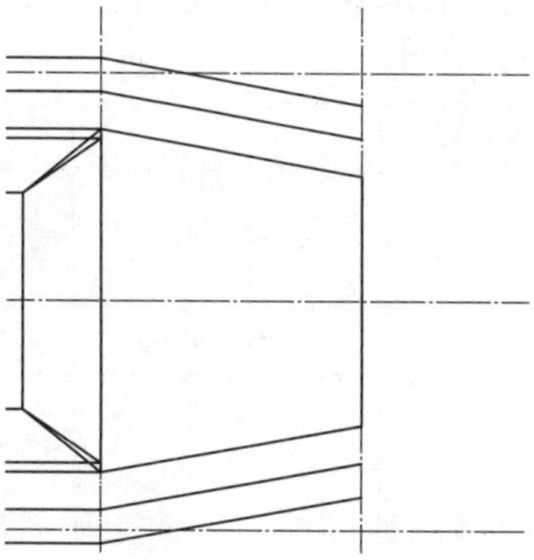

图 2-155　护底特征面

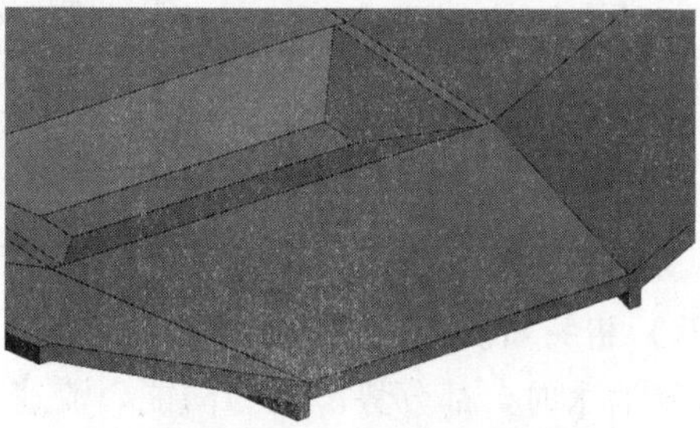

图 2-156　护底模型

完成下游连接段模型，效果如图 2-157 所示。

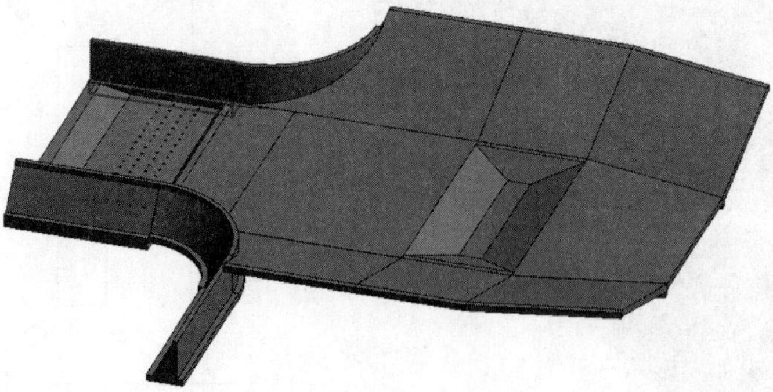

图 2-157　下游段三维全景图

（七）评价反馈

评价包括学生自评（占 50%）和教师评价（占 50%）两部分，学生自评表见表 2-11，教师评价表见表 2-12。

表 2-11　　学 生 自 评 表

班级		姓名		学号	
工作任务二	任务情景三　下游连接段建模				
评价项目	评　价　标　准			分值	得分
①消力池模型创建	识读图纸，快速准确创建模型			20	
②下游翼墙模型创建	识读图纸，快速准确创建模型			20	
③海漫模型创建	识读图纸，快速准确创建模型			20	
④下游护坡模型创建	识读图纸，快速准确创建模型			20	
⑤防冲槽模型创建	识读图纸，快速准确创建模型			20	
合　计				100	

表 2-12　　教 师 评 价 表

班级		姓名		学号	
工作任务二	任务情景三　下游连接段建模				
评价项目	评　价　标　准			分值	得分
①平时表现	出勤，课堂表现			40	
②成果评价	下游连接段模型成果			30	
③小组表现	团队合作完成任务			30	
合　计				100	

（八）相关知识点——水闸的消能防冲

水闸泄水时，部分势能转为动能，流速增大，具有较强的冲刷能力，而土质河床一般抗冲能力较低。因此，为了保证水闸的安全运行，必须采取适当的消能防冲措施。要设计好水闸的消能防冲措施，应先了解过闸水流的特点，进而采取妥善的防范措施。

1. 过闸水流的特点

(1) 水流形式复杂。初始泄流时，闸下水深较浅，随着闸门开度的增大而逐渐加深，闸下出流由孔流到堰流，由自由出流到淹没出流都会发生，水流形态比较复杂。因此，消能设施应在任意工作情况下，均能满足消能的要求并与下游水流很好地衔接。

(2) 闸下易形成波状水跃。由于水闸上、下游水位差较小，出闸水流的佛汝德数较低 ($Fr=1\sim1.7$)，容易发生波状水跃，特别是在平底板的情况下更是如此。此时无强烈的水跃漩滚，水面波动，消能效果差，具有较大的冲刷能力。另外，水流处于急流状态，不易向两侧扩散，致使两侧产生回流，缩小河槽过水有效宽度，局部单宽流量增大，严重的冲刷下游河道。

(3) 闸下容易出现折冲水流。一般水闸的宽度较上下游河道窄，水流过闸时先收缩而后扩散。如工程布置或操作运行不当，出闸水流不能均匀扩散，将使主流集中，蜿蜒蛇行，左冲右撞，形成折冲水流，容易冲毁消能防冲设施和下游河道。

(4) 波状水跃、折冲水流的防止措施。

1) 波状水跃的防止措施。对于平底板水闸，可在消力池斜坡段的顶部上游预留一段 0.5～1.0m 宽的平台，其上设置一道小槛，使水流越槛入池，促成底流式水跃。槛的高度 C 约为 h_c 的 1/4，h_c 为闸孔出流的第一共轭水深。小槛迎水面做成斜坡，以减弱水流的冲击作用，槛底设排水孔。如将小槛改成齿形槛分水墩，效果会更好。若水闸底板采用低实用堰型，则有助于消除波状水跃。

2) 折冲水流的防止措施。消除折冲水流首先应从平面布置上入手，尽量使上游引河具有较长的直线段，并能在上游两岸对称布置翼墙，出闸水流与原河床主流的位置和方向一致；其次是控制下游翼墙扩散角，每侧宜采用 7°～12°，且不宜采用弧形翼墙（大型水闸如采用弧形翼墙，其半径不小于 30m），墙顶应高于下游最高水位，以免回流由墙顶漫向消力池；另外，要制定合理的闸门开启程序，如低泄量时隔孔开启，使水流均匀出闸，或开闸时先开中间孔，继而开两侧邻孔至同一高度，直至全部开至所需高度，闭门与之相反，由两边孔向中间孔依次对称地操作。

2. 底流消能工构造

(1) 布置。

底流消能工的作用是通过在闸下产生一定淹没度的水跃来保护水跃范围内的河床免遭冲刷。淹没度过小，水跃不稳定，表面旋滚前后摆动；淹没度过大，较高流速的水舌潜入底层，由于表面旋滚的剪切，掺混作用减弱，消能效果反而减小。淹没度取 1.05～1.10 较为适宜。

底流式消能设施有三种形式：下挖式、突槛式和综合式。当闸下尾水深度小于跃后水深时，可采用下挖式消力池消能。当闸下尾水深度略小于跃后水深时，可采用突槛式消力池消能。当闸下尾水深度远小于跃后水深，且计算消力池深度又较深时，可采用下挖消力池与突槛式消力池相结合的综合式消力池消能。当水闸上、下游水位差较大，且尾水深度较浅时，宜采用二级或多级消力池消能。

消力池池深按构造要求为 0.5～1.0m 的，当池深计算深超过 3m 时，可考虑设置多级消力池。消力池的水平长度一般为自由水跃长度的 0.7～0.8m。闸底板与消力池之间采用斜坡连接，斜坡如设计过陡，当过闸流速过大时，水流将脱离斜坡表面而产生真空，以致结构破坏，所以斜坡一般不宜陡于 1∶4，工程中一般采用 1∶4～1∶5。

消力池末端一般布置尾槛，高约 50cm，用以调整流速分布，将水流挑向水面，减小出池水流的底部流速，且可在槛后产生小横轴旋滚，防止在尾槛后发生冲刷，并有利于平面扩散和消减边侧下游回流。

图 2-158 为连续式的实体槛［图 2-158（a）］和差动式的齿槛［图 2-158（b）］。连续实体槛壅高池中水位的作用比齿槛好，也便于施工，一般采用较多。齿槛对调整槛后水流流速分布和扩散作用均优于实体槛，但其结构形式较复杂，当水头较高、单宽流量较大时易空蚀破坏，故一般多用于低水头的中、小型工程。图中几何尺寸可供选用时参考，最终应由水工模型试验来确定。

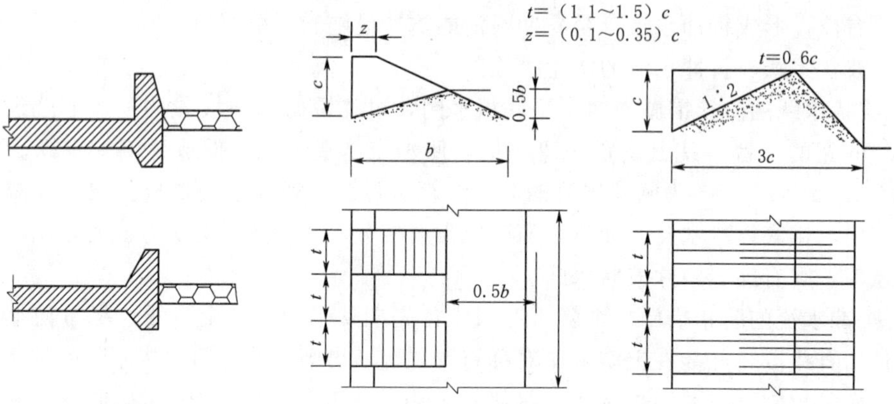

（a）连续式　　（b）差动式

图 2-158　尾槛形式

（2）护坦构造要求。

消力池底板称为护坦，它承受水流的冲击力、水流脉动压力和底部扬压力等作用，应具有足够的重量、强度和抗冲耐磨的能力。护坦厚度可根据抗冲和抗浮要求分别计算，并取其最大值。护坦一般是等厚的，但也可采用不同的厚度，始端厚度大，向下游逐渐减小。消力池末端厚度不宜小于 0.5m。小型水闸可以更薄，但不宜小于 0.3m。

底板一般用 C15 或 C20 混凝土浇筑而成，并按构造配置 ϕ10～12mm 间距 @25～30cm 的构造钢筋。大型水闸消力池的顶、底面均需配筋，中、小型水闸可只在顶面配筋。

为了降低护坦底部的渗透压力，可在水平护坦的后半部设置排水孔，孔下铺设反滤层，排水孔孔径一般为 5～10cm，间距 1.0～3.0m，呈梅花形布置。

护坦与闸室、岸墙及翼墙之间，以及其本身沿水流方向均应用缝分开，以适应不均匀沉陷和温度变形。护坦自身的缝距可取 10～20m，靠近翼墙的消力池缝距应取得小一些。护坦在垂直水流方向通常不设缝，以保证其稳定性，缝宽 2.0～2.5cm。缝的位置如在闸基防渗范围内，缝中应设止水设备，但一般都铺贴沥青油毛毡。

为增强护坦的抗滑稳定性，常在消力池的末端设置齿墙，墙深一般为 0.8～1.5m，宽为 0.6～0.8m。

（3）辅助消能工。

为了提高消力池的消能效果，除尾槛外，还可设置消力齿（图 2-159）、消力墩（图 2-160）等辅助消能工，以加强紊动扩散，减小跃后水深，缩短水跃长度，稳定水跃和提高水跃消能效果。消力墩可布置在消力池的前部或后部，由两排或三排交错排列布置，消力齿一般布置在陡坡的坡脚处。由于辅助消能工选用的布置形式和尺寸不同，其主要作用也不尽相同。对于有排水过水要求的水闸，如果辅助消能工选用不当，甚至会产生副作用，危害消力池的安全。对低水头水闸一般不采用辅助消能工。对大型水闸，如果采用辅助消能工，其形式和尺寸应通过水工模型试验确定。

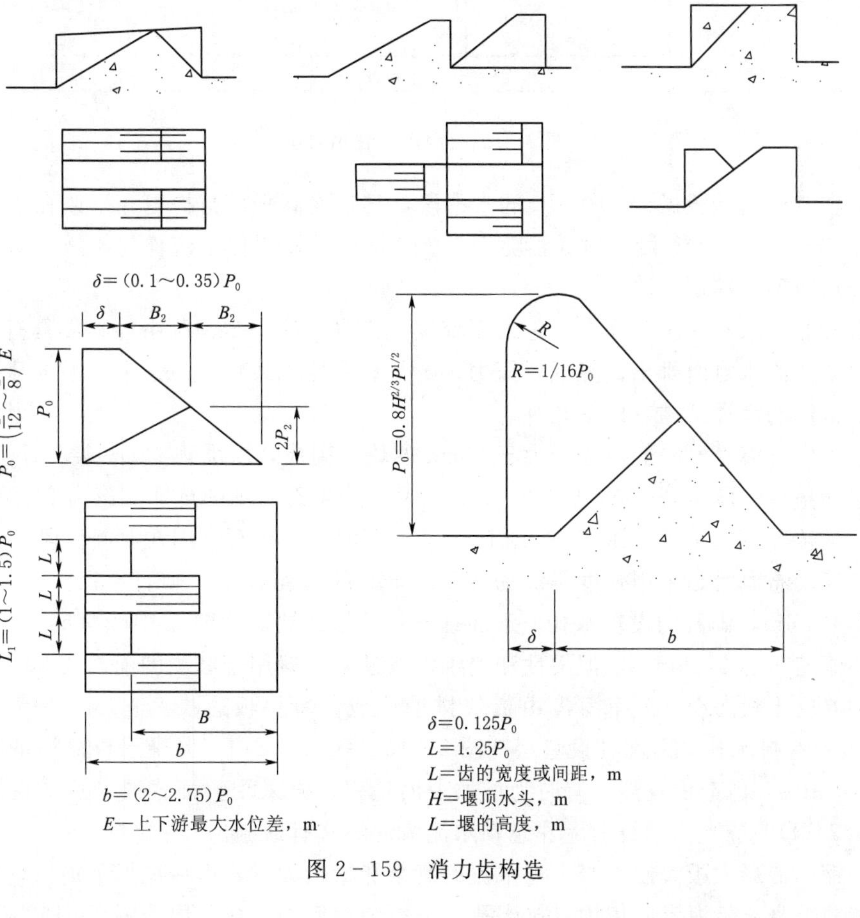

图 2-159　消力齿构造

3. 海漫布置和构造

水流经过消力池，虽已消除了大部分多余能量，但仍留有一定的剩余动能，特别是流速分布不均，脉动仍较剧烈，具有一定的冲刷能力。因此，护坦后仍需设置海漫等防冲加固设施，以使水流均匀扩散，并将流速分布逐步调整到接近天然河道的水流形态（图 2-161）。

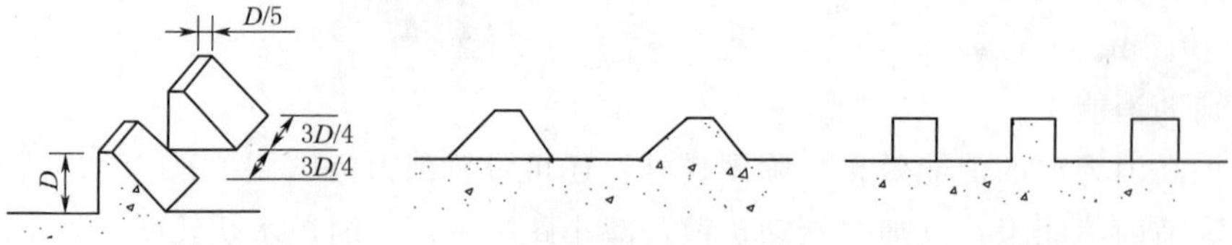

（a）单排消力墩　　（b）双排消力墩　　（c）三排消力墩

图 2-160　消力墩构造

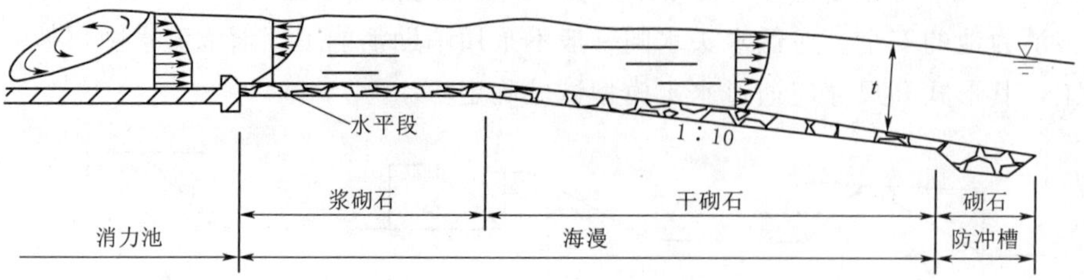

图 2-161　海漫布置示意图

一般在海漫起始段做 5～10m 长的水平段，其顶面高程可与护坦齐平或在消力池尾坎顶以下 0.5m 左右，水平段后做成不陡于 1∶10 的斜坡，以使水流均匀扩散，调整流速分布，保护河床不受冲刷。

对海漫的要求有：①表面有一定的粗糙度，以利于进一步消除余能；②具有一定的透水性，以便使渗水自由排出，降低扬压力；③具有一定的柔性，以适应下游河床可能的冲刷变形。常用的海漫结构有以下几种。

（1）干砌石海漫。一般由粒径大于 30cm 的块石砌成，厚度为 0.4～0.6m，下面铺设碎石、粗砂垫层，厚 10～15cm［图 2-162（a）］。干砌石海漫的抗冲流速为 2.5～4.0m/s。为了加大其抗冲能力，可每隔 6～10m 设一浆砌石埂。干砌石常用在海漫后段。

（2）浆砌石海漫。采用强度等级为 M5 或 M8 的水泥砂浆，砌石粒径大于 30cm，厚度为 0.4～0.6m，砌石内设排水孔，下面铺设反滤层或垫层［图 2-162（b）］。浆砌石海漫的抗冲流速可达 3～6m/s，但柔性和透水性较差，一般用于海漫的前部约 10m 范围内。

（3）混凝土板海漫。整个海漫由板块拼铺而成，每块板边长 2～5m，厚度为 0.1～0.3m，板中有排水孔，下面铺设垫层［图 2-162（d）、（e）］。混凝土板海漫的抗冲流速可达 6～10m/s，但造价较高。有时为增加表面糙率，可采用斜面式或城垛式混凝土块体［图 2-162（f）、（g）］。铺设时应注意顺水流流向不宜有通缝。

（4）钢筋混凝土板海漫。当出池水流的剩余能量较大时，可在尾槛下游 5～10m 范围内采用钢筋混凝土板海漫，板中有排水孔，下面铺设反滤层或垫层［图 2-162（h）］。

（5）其他形式海漫。如铅丝石笼海漫［图 2-162（c）］。

4. 防冲槽布置和构造

水流经过海漫后，尽管多余能量得到了进一步消除，流速分布接近河床水流的正常状态，但在海漫末端仍有冲刷现象。为保证安全和节省工程量，常在海漫末端设置防冲槽或采取其他加固措施。

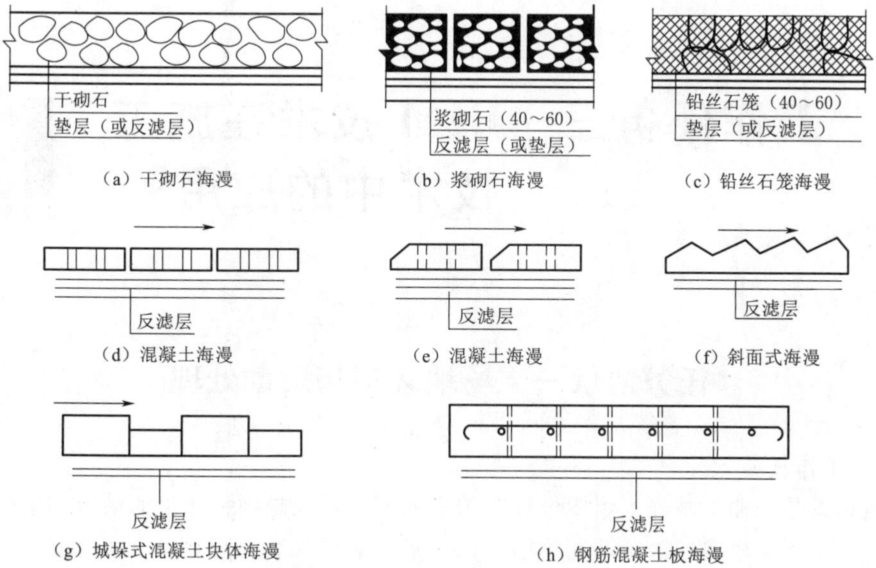

图 2-162　海漫构造示意图（单位：cm）

在海漫末端挖槽抛石预留足够的石块，当水流冲刷河床形成冲坑时，预留在槽内的石块沿斜坡陆续滚下，铺在冲坑的上游斜坡上，防止冲刷坑向上游扩展，保护海漫安全。

参照已建水闸工程的实践经验，防冲槽大多采用宽浅式的，其深度 t 一般取 1.5～2.5m，底宽 b 取 2～3 倍的深度，上游坡率 $m_1=2～3$，下游坡率 $m_2=3$。

工作任务三　BIM 技术在施工技术中的应用

任务情景一　场地环境与后期处理

（一）工作任务

场地布置是朱曲水闸施工组织设计中的重要部分，也是项目施工的前提和基础。将绘制完成的二维三阶段（三阶段即回填前、回填后、装饰装修三阶段）的场地布置规划图，分别导入三维场景软件中，对施工各阶段的场地地形、既有设施、周边环境、施工区域、临时道路及设施、加工区域、材料堆场、临水临电、施工机械、安全文明施工设施等进行规划布置和分析优化，科学合理地布置场地，以相关信息数据为基础建立三维模型，将它们之间的关系通过三维形式表现出来。该部分的工作任务是根据之前对朱曲水闸上下游连接段、闸室段、地形的三维建模成果，在 Revit 中完成场地环境的创建与后期处理。

（二）工作目标

该任务的工作目标包括知识目标、技能目标和思政目标，见表 3－1。

表 3－1　场地环境与后期处理

任务情景一　场地环境与后期处理	
知识目标	掌握应用 Revit、Lumion 等软件创建场地环境和后期处理的方法和技巧
技能目标	具有应用 Revit、Lumion 等软件正确创建节制闸场地环境和后期处理的能力
思政目标	主动学习、团队协作、作图规范、专业自豪

（三）任务分组

按照表 3－2 填写任务分组名单。

表 3－2　学生任务分组表

组号		班级		指导老师	
组长		学号			
组员					
任务分工					

（四）引导问题

（1）Revit 三维建模场地环境和后期处理的目的是什么？

（2）Revit 三维建模场地环境和后期处理的步骤是什么？

（3）Revit 三维建模场地环境和后期处理中用到的命令有哪些？

（五）工作计划

（1）节制闸上游连接段、闸室段、下游连接段模型整合。

（2）模型导入场地布置。

（3）场地环境后期处理。

（六）工作实施

1. 装配模型

不同的建模方法，采用不同的装配形式。

（1）项目建模整合（用内建模型制作）。在 Revit 软件里，创建一个“建筑样板”项目。将上游连接段、下游连接段、闸室段模型整合到总模型，如图 3－1 所示。主要方法是以标高和轴网定位，将各段模型按位置组合在一起。

图 3－1　水闸总模型

（2）族建模整合。在 Revit 软件里，打开用族建模的模型，将模型按位置整合在一起，新建一个“建筑样板”项目。将整合好的族模型载入，在新建的项目中用“载入族”命令将汇总好的水闸总模型载入项目，如图 3－2、图 3－3 所示。

图 3－2　“载入族”命令

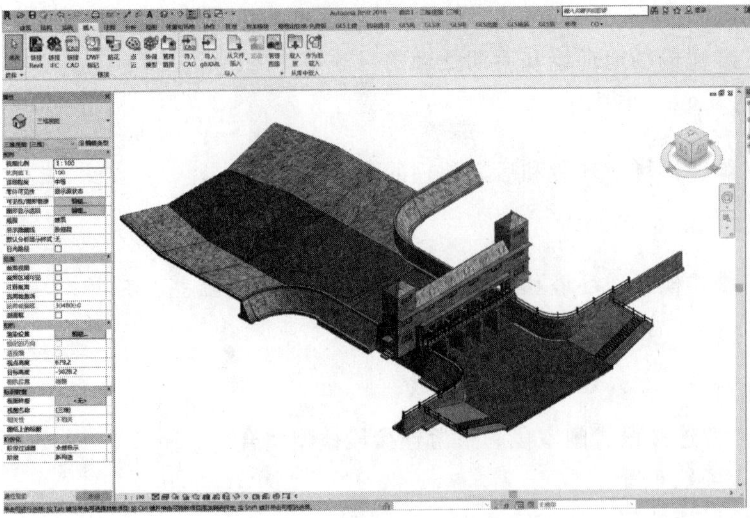

图 3-3　将族模型载入项目

2. 绘制路面

采用 Revit 软件，选择“结构”的“楼板”命令。如图 3-4 所示，绘制右岸路面特征面，完成绘制，效果如图 3-5、图 3-6 所示。

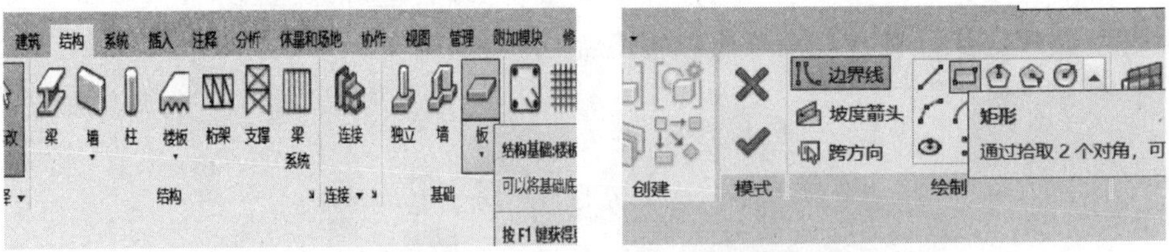

图 3-4　结构“楼板”命令

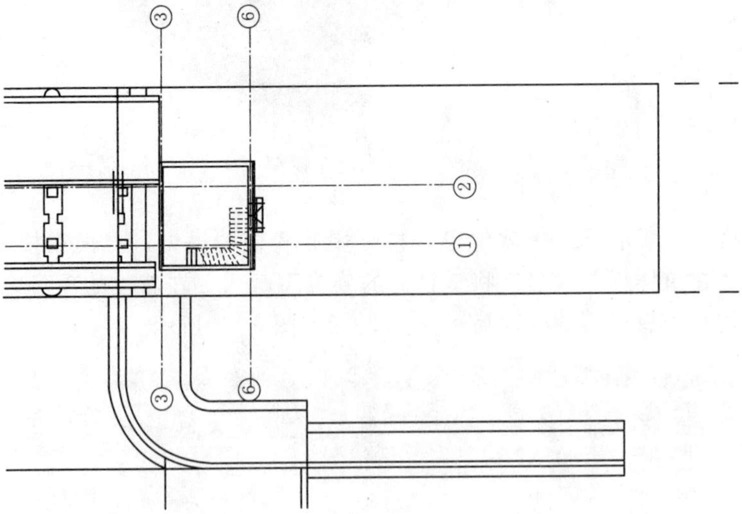

图 3-5　右岸路面特征面

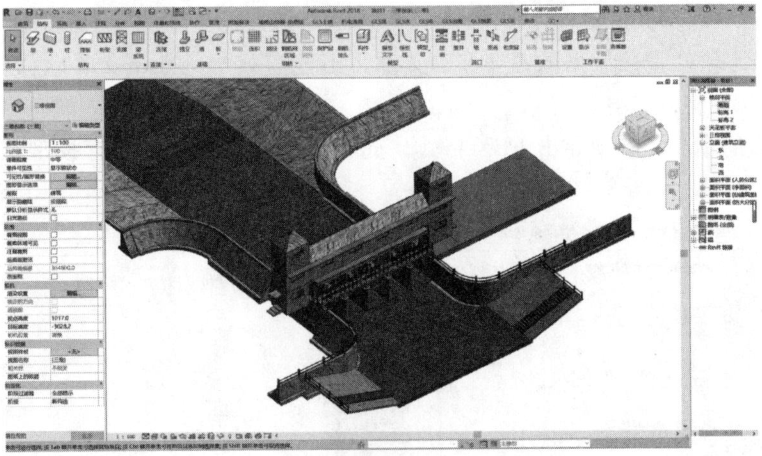

图 3-6 右岸路面模型效果

在项目浏览器将楼层平面改为标高 68.860，选中绘制的楼板，选择“镜像—绘制轴”命令，沿闸室段中点绘制对称轴，完成左岸路面模型，如图 3-7、图 3-8 所示。

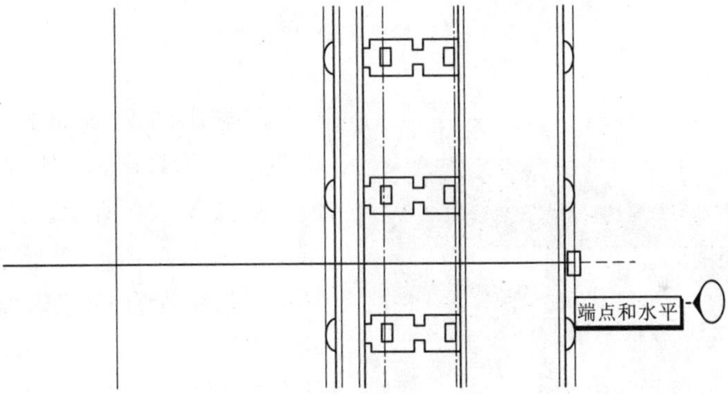

图 3-7 绘制对称轴

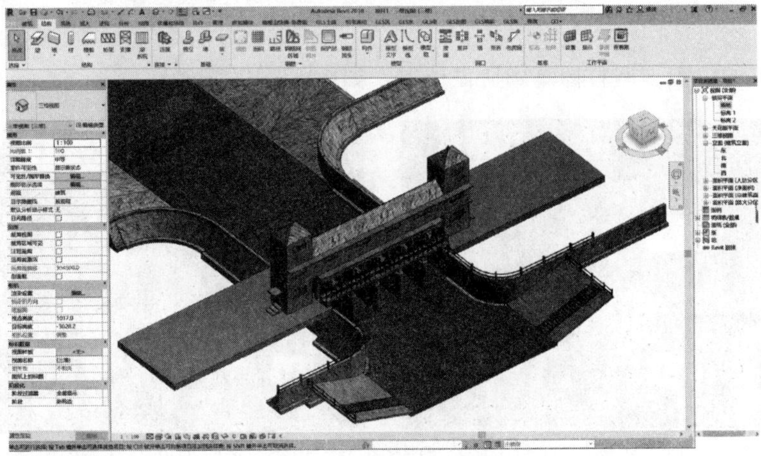

图 3-8 左岸路面模型

3. 将模型导入 Lumion 软件

因为 Revit 软件直接导出的是 RVT 文件，不能直接导入 Lumion 软件，需要将文件格式转换为 FBX 格式，才能导入。

将整合好的 Revit 模型导出 FBX 格式。先将总模型保存（不保存模型容易丢失），然后导出 FBX 文件，如图 3－9 所示。

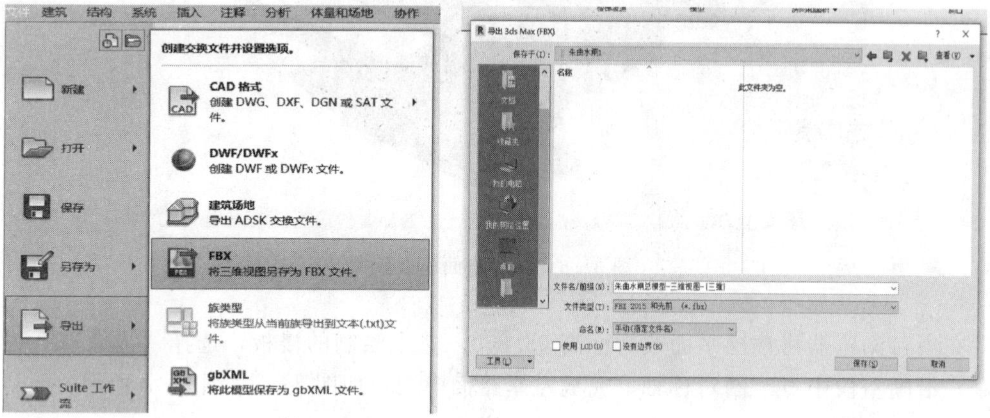

图 3－9　导出 FBX 格式文件

图 3－10　新建场景

将导出的 FBX 格式文件导入 Lumion 软件。打开 Lumion 软件，选择适合的场景，如图 3－10 所示。点击左下角依次选择“导入”\“导入新模型”，如图 3－11 所示。选中保存的“朱曲水闸总模型-三维视图”文件，点击“打开”按钮，设置导入模型的名称，点击“加入库中”并打开。

4. 调整模型位置

点击“移动模式”，选中模型，调整模型在地形中的位置。调整标高到所需位置，如图 3－12 所示。

(a) 找到“导入”命令　　(b) 点击“导入新模型”

图 3－11（一）　导入模型操作

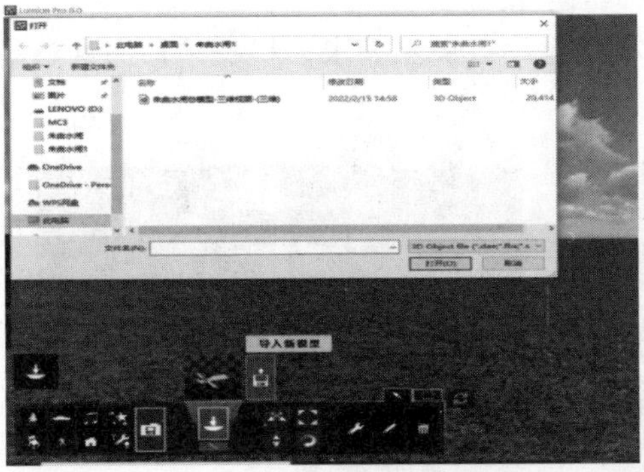

（c）找到FBX文件

（d）加入库中

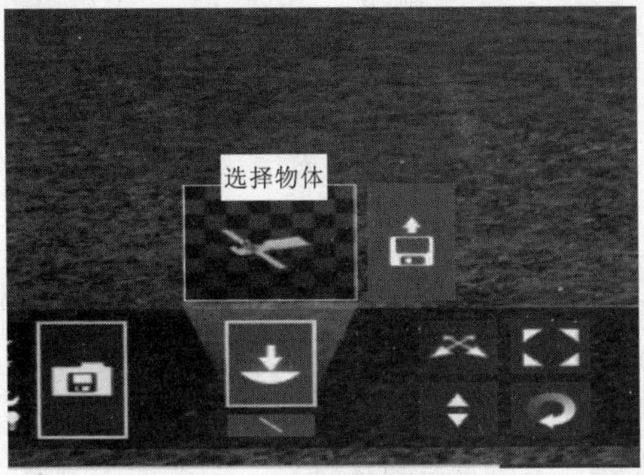

（e）载入场景

图 3-11（二）　导入模型操作

（a）找到“移动模式”

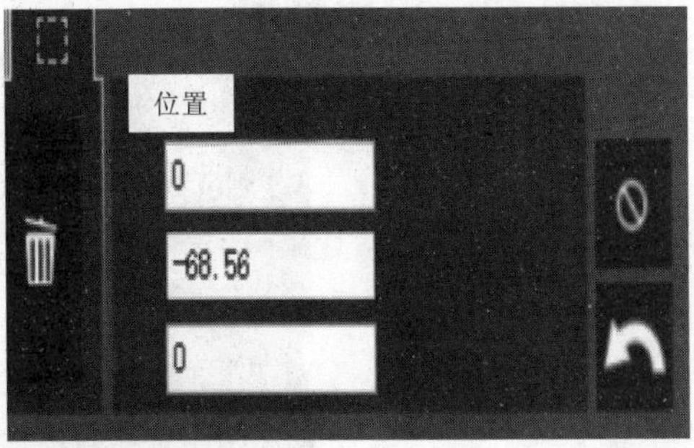

（b）调整标高

（c）调整后的模型

图 3-12　调整模型位置

5. 调整地形

选择“景观”的“高度”命令，调整拾取框的大小以满足需求。根据地形图调整高度来放置模型，效果如图 3 - 13 所示。

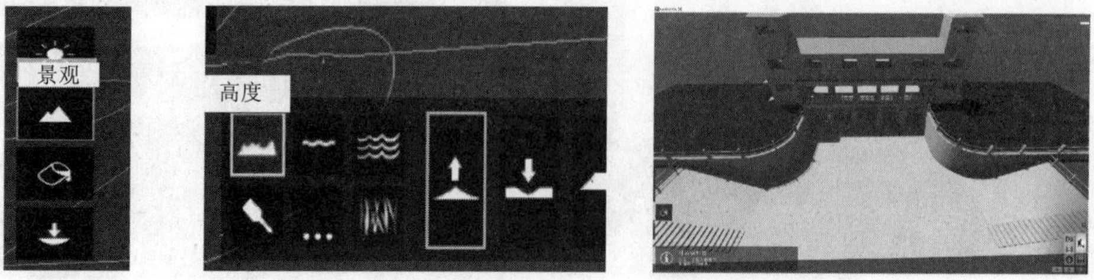

（a）“景观 ”命令　（b）“高度”命令　（c）调整后的模型

图 3 - 13　根据地形图调整高度

6. 添加材质

选择“材质”命令，点击要修改的形体，为模型选择所需的材质进行添加，如图 3 - 14 所示。

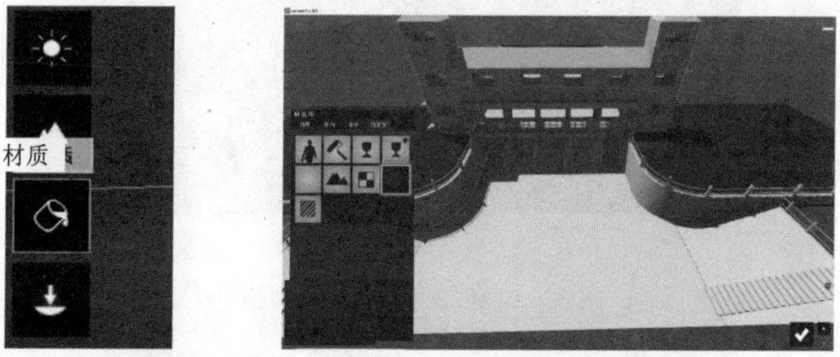

（a）“材质”命令　（b）选中形体

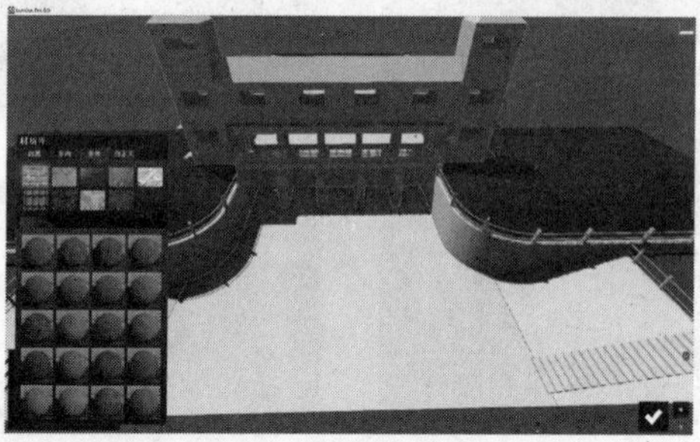

（c）选择材质

（d）添加材质效果

图 3 - 14　添加材质操作

7. 添加周边环境

设置河流，选择“景观”\“水”命令，给河道添加水材质，如图 3－15 所示。

（a）“景观”命令　（b）“水”命令　（c）添加水材质效果

图 3－15　添加水材质

在模型的周边可以添加其他物件，如天空、房屋、树木、道路、路灯等，效果如图 3－16 所示。

图 3－16　场景效果

（七）评价反馈

评价包括学生自评（占 50%）和教师评价（占 50%）两部分，学生自评表见表 3－3，教师评价表见表 3－4。

表 3－3　学生自评表

班级		姓名		学号	
工作任务三	任务情景一　场地环境与后期处理				
评价项目	评 价 标 准			分值	得分
①项目建模整合模型	组合模型的准确度、方法得当			30	
②族建模整合模型					
③创建路面	采用 Lumion 软件准确创建路面，将模型导入			25	
④调整模型、地形位置	根据地形图调整模型位置准确度			25	
⑤添加周边环境	根据需要添加周边设施			20	
合　计				100	

表3-4 教师评价表

班级		姓名		学号	
工作任务三	任务情景一 场地环境与后期处理				
评价项目	评 价 标 准			分值	得分
①平时表现	出勤，课堂表现			40	
②成果评价	场地环境模拟与后期处理效果			30	
③小组表现	团队合作完成任务			30	
	合 计			100	

(八) 相关知识点——场地布置与后期处理

1. 施工组织总设计内容与编制依据

施工组织总设计是水利工程初步设计文件的重要组成部分，是编制工程投资估算、设计概算和招标设计文件的主要依据，是工程建设和施工管理的指导性文件。认真做好施工组织总设计，对正确选定坝址、坝型、枢纽布置、整体优化设计方案、合理组织工程施工、保证工程质量、缩短施工周期、降低工程造价都有十分重要的作用。

(1) 施工组织总设计的内容。

根据《水利水电工程施工组织设计规范》(SL 303—2017)，施工组织总设计内容包括：

1) 工程概况。工程概况包括地形与地质条件、自然条件、物质资源供应条件以及社会经济条件等在简要阐明上述条件的基础上，着重分析它们对工程施工可能带来的影响和后果。

2) 施工导流。针对水利枢纽工程，一般包括施工导流标准确定、施工导流方式及导流程序、围堰设计、导流泄水建筑物设计、河道截流、基坑排水、施工期度汛、施工期蓄水与下游供水、施工期通航与排冰、导流建筑物封堵等。对于其他水利工程，可根据具体情况或有或无此项内容。

3) 料场选择与开采。主要包括料源选择、料场开采规划等。对混凝土坝，主要规划和选择砂石料场；对土石坝，主要进行主要料场和备用料场的规划和选择。

4) 主体工程施工。主要包括土石方明挖、地基处理、土石方填筑、混凝土施工、地下工程施工、金属结构及机电设备安装、施工机械设备选择等。

5) 施工交通运输。施工交通运输包括对外交通、场内交通、转运站、重大件运输等。对外交通是联系工地与外部公路、铁路车站、水运港口之间的交通，担负施工期间外来物资的运输任务；场内交通是联系施工工地内部各工区、当地材料产地、弃料场，各生产、办公生活区之间的交通。场内交通须与对外交通衔接。

6) 施工工厂设施。施工工厂设施包括混凝土砂石料加工系统，混凝土生产系统，混凝土预冷、预热系统，压缩空气、供水、供电和通信系统，机械修配厂、加工厂等。施工工厂设施均应根据施工的任务和要求分别确定各自位置、规模、设备容量、生产工艺、工艺设备、平面布置、占地面积、建筑面积和土建安装工程量，并提出土建安装进度和分期投产的计划。

大型临建工程，如施工栈桥、过河桥梁、缆机平台等，要做出专门设计，确定其工程量和施工进度安排。

7）施工总布置。施工总布置包括场地选择、施工分区规划、施工场地防洪与排水、土石方平衡及渣场规划、施工用地等。要充分掌握和综合分析水利工程枢纽布置，主体建筑物规模、形式、特点、施工条件及工程所在地区的社会、自然等因素，确定并统筹规划布置各种为工程施工服务的临时设施，妥善处理施工场地内外关系。

8）施工总进度。施工进度包括筹建工程及准备工程施工进度、导流工程施工进度、土石方明挖工程施工进度、地基处理工程施工进度、土石方填筑工程施工进度、混凝土工程施工进度、地下工程施工进度、金属结构及机电安装施工进度。编制施工总进度时，应根据国民经济发展需要，采取积极有效的措施满足项目主管部门或项目法人对施工总工期提出的要求。

9）施工劳动力及主要技术供应。根据施工总进度的安排和定额资料的分析，对施工劳动力资源和主要建筑材料（如钢材、钢筋、木材、水泥、粉煤灰、油料、炸药等）以及主要施工机械设备，列出总需要量和分年需要量计划。

（2）施工组织总设计编制依据。

在进行施工组织总设计编制时，应依据现状、相关文件和试验成果等进行编制，具体内容包括：

1）可行性研究报告及审批意见、设计任务书、上级单位对本工程建设的要求或批件。

2）工程所在地区有关基本建设的法规或条例、地方政府对本工程建设的要求。

3）国民经济各有关部门（铁道、交通、林业、灌溉、旅游、环保、城镇供水等）对本工程建设期间的有关要求及协议。

4）当前水利工程建设的施工装备、管理水平和技术特点。

5）工程所在地区和河流的自然条件（地形、地质、水文、气象特征和当地建筑材料情况等)、施工电源、水源及水质、交通、环保、旅游、防洪、灌溉、航运、过木、供水等现状和近期发展规划。

6）当地城镇现有修配、加工能力，生活、生产物资和劳动力供应条件，居民生活、卫生习惯等。

7）施工导流及通航过木等水工模型试验、各种原材料试验、混凝土配合比试验、重要结构模型试验、岩土物理力学试验等成果。

8）工程有关工艺试验或生产性试验成果。

9）勘测、设计各专业有关成果。

2. 施工导流

施工导流设计时，应充分掌握基本资料，全面分析各种因素，选择技术可行、安全可靠、经济合理并使工程尽早发挥效益的导流方案。

（1）施工导流标准。

1）导流建筑物级别确定。导流建筑物应根据其保护对象、失事后果、使用年限和围堰工程规模划分，应符合《水利水电工程等级划分及洪水标准》（SL 252—2017）的有关规定。根据标准分属不同级别时，应以其中最高级别为准。根据不同的导流分期划分，同一导流分期中的各导流建筑物级别，应根据其不同作用划分。

2）导流建筑物设计洪水标准。应符合《水利水电工程等级划分及洪水标准》（SL 252—2017）的有关规定，根据建筑物的类型和级别在《水利水电工程等级划分及洪水标准》（SL 252—2017）中规定幅度内选择。同一导流分期各导流建筑物的洪水标准应相同，与主要挡水建筑物的洪水标准一致。

当导流建筑物与永久建筑物结合时，导流建筑物设计级别与洪水标准仍应按《水利水电工程等级划分及洪水标准》（SL 252—2017）的规定执行；但成为永久建筑物部分的结构设计应采用永久建筑物级别标准。

围堰修筑期间各月的填筑最低高程应以安全拦挡下月可能发生的最大设计流量为准。计算各月最大设计流量的重现期标准可用围堰正常运用时的标准，经过论证也可适当降低。

3）当坝体填筑高程超过围堰堰顶高程时，坝体临时度汛洪水标准根据坝型及坝前拦洪库容，按《水利水电工程等级划分及洪水标准》（SL 252—2017）规定执行。

（2）施工导流方式及导流程序。

施工导流可划分为一次拦断河床围堰导流方式和分期围堰导流方式，按泄水建筑物形式可分为：明渠导流、隧洞导流、涵管导流，以及施工过程中的坝体底孔导流、缺口导流和不同泄水建筑物的组合导流。施工导流方式应经过全面比较后选定。经分析论证，一个枯水期内能将永久挡水建筑物或临时挡水断面修筑至汛期度汛标准洪水位以上时，或汛期淹没对工程进度影响较小且淹没损失不大时，可采用枯水期围堰挡水的导流方式。

分期围堰导流应经技术经济比较确定，可选择二期导流、三期导流，不宜超过三期。导流程序应与施工进度相协调，合理确定导流建筑物、截流、度汛、下闸蓄水与供水、导流建筑物封堵以及机组分批（台）发电等项目的施工安排。

（3）围堰。

围堰形式有土石围堰、混凝土围堰、胶凝砂砾石围堰、堆石混凝土围堰、装配式钢板桩格型围堰等。选择形式时，应经过技术经济指标比较综合分析。

土石围堰、混凝土围堰与浆砌石围堰的稳定安全系数应满足规范要求。不过水围堰堰顶高程应不低于设计洪水的静水位与波浪高度及堰顶安全加高值之和，其堰顶安全加高应不低于规范规定。过水围堰堰顶高程应按静水位加波浪高度确定，不应另加堰顶安全加高值。

（4）导流泄水建筑物。

导流泄水建筑物包括导流明渠、导流隧洞、导流底孔、坝体预留缺口等，设计时应充分考虑与永久建筑物结合、地形和地质条件、导截流、后期封堵和施工期通航、排冰要求等综合分析。详见《水利水电施工技术》教材有关内容。

（5）河道截流。

截流方案应综合分析水文气象条件、河流特性、河床地形地质条件、施工条件、截流难度、河流梯级开发情况等因素，结合工程实际条件与要求，经技术经济比较后选定。截流多采用戗堤法，宜优先采用立堵截流方式；在条件特殊时，经充分论证后可选用建造浮桥及栈桥平堵截流、定向爆破、建闸等其他截流方式。

截流方式应综合分析水力学参数、施工条件和截流难度、抛投材料数量和性质、抛投强度等因素，进行技术经济比较。

（6）基坑排水。

基坑排水分初期排水和经常性排水。应结合工程的自然条件和不同防渗措施进行综合分析，确定技术可行、经济合理的排水方案。

（7）施工期度汛。

采用枯水期围堰挡水、汛期围堰过水导流方式时，应根据围堰过水条件，提出坝体度汛形象要求。围堰过水度汛时，应对基坑进行预充水，并制定充水措施。

（8）施工期蓄水与下游供水。

施工期蓄水日期应和导流泄水建筑物封堵日期统一考虑。确定施工期蓄水日期时，除应按蓄水标准逐月计算水库蓄水位外，尚应按防洪标准计算坝前水位，确定坝体等主体建筑物施工面貌，分析其挡水安全性。

（9）施工期通航与排冰。

施工期临时通航方案应结合施工导流方案统一设计，并经过技术经济比较确定。经研究确认施工期间需断航时，应妥善解决断航后的客运货运问题。应根据施工期通航要求，调查核实施工期通航过坝（闸）船舶的数量、吨位、尺寸及年运量，确定设计运量；分析其可通航的天数和运输能力，分析可能碍航断航的时间及其影响，研究解决措施；经方案比较提出施工期通航规划。

（10）导流建筑物封堵。

导流建筑物封堵施工时段宜选在汛后枯水期，封堵工程宜在一个枯水期内完工。

3. 料源选择与料场开采

天然建筑材料可作为混凝土集料、土石坝填筑料和工程回填料等的料源。天然建筑材料的勘察储量应满足设计需要量。设计需要量应考虑物料的开采、加工、运输以及储存等各种损耗，并考虑 1.2 倍的扩大系数。

（1）混凝土集料。

料源可选择工程开挖料、天然砂砾料、石料场的开采料或外购料。应优先选择工程开挖料作为料源；天然砂砾料储量丰富、剥采比较小、级配和开采条件较好时，也可作为优先选用料源；无合适的天然砂砾料时，可就近选择石料场开采料。

混凝土人工集料宜选用线膨胀系数小、破碎后粒形好且硬度适中的岩石作为料源，宜优先选用石灰岩质料源。采用节理裂隙发育，特别是隐节理发育的石料，应进行试验论证。

同一建筑物的混凝土宜采用同一类别的集料料源，若采用不同类别的集料料源，应通过试验验证。混凝土集料料源应进行集料碱活性试验。未经专门论证，不应使用碱活性集料。

天然砂砾料场宜选择料场分布集中、级配良好、质量均一、有良好的开采条件、开采对航道和取水影响小的河滩料场。

（2）土石料。

1）土料场宜选择土质均一、土层较厚、质量易于控制、出料率高、土料天然含水率与填筑最优含水率接近的料源。宜优先选择工程开挖区和水库淹没区范围内的土料场。

2）堆石料料源应优先利用工程开挖料，不足部分可就近选择料场开采。

3）过渡料宜优先利用工程洞室开挖料。反滤料或垫层料料源宜选用天然砂砾料，当工程附近缺乏合格的天然砂砾料时，可采用人工制备料。

物料平衡规划应根据施工进度计划，统筹安排各种料源的开采进度和开采强度，合理安排物料流向，宜减少物料堆存和中转。必要时可采用计算机动态仿真方法进行分析。

（3）料场开采规划。

料场开采规划应根据工程特性和要求、料场地形和地质等条件，综合分析比较后确定开采、运输、边坡支护及水土保持方案。

料场选用顺序，应根据工程特点，因地制宜，合理安排。宜先近后远，先水上后水下，先库区内后库区外。

土料场、天然砂砾料场及石料场应按规划开采量进行开采规划。规划开采量应按设计需要量的 1.05～1.25 倍确定。受施工期洪水影响的土料场，应在洪水影响前开采受影响部位。停采期备料量应按需用量的 1.2 倍考虑。天然砂砾料场开采时段和开采规划应根据料场水文特性、地形条件、天然级配分布、设计级配要求等因素确定。停采期备料量应按需用量的 1.2 倍考虑。

石料场开采工作面和出料作业线应根据各时段供料强度要求确定。开采工作面宜设两个以上。石料场开采宜采用梯段爆破法，梯段高度宜为 10～15m。

混凝土集料料场开采石料最大粒径应与挖装和破碎设备相适应，坝体堆石料料场开采应根据岩性、风化程度及坝料设计要求分区开采。

料场开采料运输方案，应根据地形条件、开采方案、物料特性、运输量、运输强度、运距和运输设备配置等因素，经综合比较后确定。

4. 主体工程施工

主体工程施工方法应能够实现水利水电工程的总体设计方案，保证工程质量与施工安全。应选择出技术可行、经济合理的施工方法。

（1）单项工程施工方案重点研究内容如下：

1）控制施工总进度的主体工程。

2）占投资比重较大的工程。

3）施工难度大或采用新技术的工程。

4）对环境影响较大的工程。

（2）施工方案选择应遵循以下原则：

1）应保证工程质量、施工安全和施工进度。

2）宜减少辅助工程量及施工附加工作量，降低施工成本。

3）应有利于交叉工程施工各道工序之间协调均衡，减少干扰。

4）技术先进、可靠，所选用的施工新技术宜通过生产性试验。

5）施工强度和施工设备、材料、劳动力等资源需求应均衡。

主体关键工程的施工方案可采用计算机仿真技术进行比选。

（3）土石方开挖与出渣。

1）土石方开挖。

a）土石方开挖应自上而下分层进行，分层厚度经综合研究确定。水上、水下分界高程可根据地形、地质、开挖时段和水文条件等因素分析确定。基础保护层以上岩石开挖，宜采取延长药包、分层梯段钻孔爆破开挖方式。设计边坡轮廓面开挖，应采取防振措施。紧邻水平建基面的开挖，宜在常规梯段爆破孔的底部与建基面之间预留保护层。水工建筑物岩石基础部位开挖不应采用集中药包爆破法。

b）在新浇筑大体积混凝土、新灌浆区、新预应力锚固区、新锚喷（或喷浆）支护区等部位附近进行爆破，应经论证并采取控制爆破，爆破质点振动速度应满足安全允许标准。

c）高边坡开挖按照自上而下的施工程序，采用预裂爆破或光面爆破，并避免二次削坡。有支护要求的边坡每层开挖后应适时支护；坡顶设置截排水沟的边坡，应先完成坡顶截排水沟的施工，之后再进行边坡开挖。

d）水下开挖施工方法和设备应根据水深、水流流速、地形、地质、开挖范围、开挖量等因素选择确定。

e）可利用料的开挖应根据开挖条件、开挖强度和可利用料的数量、物理力学特性、质量要求等因素，研究采取合适的开挖、运输方法和设备。

应结合施工总布置和施工总进度做好整个工程的土石方平衡规划，并宜与水土保持措施相结合。应减少弃渣二次倒运，堆渣不应污染环境。

2）出渣。出渣道路布置应遵守下列原则：

a）应根据开挖方式、施工进度、运输强度、渣场位置、车型和地形条件等因素，统一规划主体工程土石方明挖出渣道路的布置。

b）进入基坑的出渣道路有困难时，最大纵坡可视运输设备性能、纵坡长度等具体情况酌情加大，但不宜大于15%。在地形复杂、深基坑等没有条件或难以布置基坑出渣道路的情况下，可研究采用其他出渣方法。

c）应能满足后续工程施工需要，不占压建筑物部位；宜不占压或少占压深挖部位。

d）宜短、平、直，减少平面交叉。

e）行车密度大的道路宜设置双车道或循环线；出渣强度低、地形陡峻的地段，出渣道路可采用单车道，并应设置错车道，错车道间隔距离不宜大于200m。

（4）地基处理。

1）灌浆。同一地段的基岩灌浆应按照先固结灌浆、后帷幕灌浆的顺序进行。固结灌浆可在基岩表层或岩面有混凝土盖重的情况下进行，盖重混凝土的厚度可为1.5～3.0m。在有盖重混凝土的条件下灌浆，盖重混凝土应达到50%设计强度后钻孔灌浆方可开始。

灌浆应按分序加密的原则进行。根据不同的地质条件和工程要求，基岩灌浆方法可采用全孔一次灌浆法、自上而下分段灌浆法、自下而上分段灌浆法、综合灌浆法、套管灌浆法和打管灌浆法。

2）防渗墙。槽段划分应综合考虑施工工期要求、地基的工程地质和水文地质条件、施工部位、造孔方法、机具性能、造孔深度和混凝土供应强度等因素确定。防渗墙混凝土拌和及运输能力，应不小于最大浇筑槽孔强度的1.5倍，并能保证浇筑连续进行。混凝土的浇筑宜在泥浆槽中采用直升导管法施工。

防渗墙造孔工艺应根据地层情况、墙深和墙厚及其他施工条件选择钻劈法、钻抓法或抓取法、铣削法等。防渗墙施工所用固壁土料应根据施工条件、造孔工艺、经济技术指标等因素选择，宜优先选用膨润土。

3）高压喷射灌浆。应根据工程需要和地层条件，分别采用单管法、双管法和三管法。旋喷和大角度摆喷适用于淤泥质土、粉质黏土、粉土、砂土、卵砾石土，定喷和小角度摆喷适用于粉土和砂土地层。高压水泥浆压力应大于 25MPa，高压水的压力应大于 35MPa。

（5）土石方填筑。

1）土石方填筑施工方案。施工方案的选择应分析工程所在地区气象台（站）的长期观测资料。统计降水、气温、蒸发、大风和冰冻等各种气象要素不同量级出现的天数，确定对各种填筑料施工的影响程度。对坝高 200m 以上的高土石坝施工方案应做专题研究。

填筑材料的运输方式应根据建筑物形式、施工区地形条件、运输量、开采方式、运输设备型号、运距等因素，通过技术经济比较后确定，应满足填筑强度要求，各种填筑料宜采用相同的运输方式；采用多种运输方式时，应统筹规划、合理布置，做好各运输方式之间的衔接，实现运输中转环节少、运输费用较低、临时设施简易、准备工程量小。

2）土石方填筑道路布置。应符合下列规定：

a）各路段标准应满足运输强度和施工安全要求，在分析各路段运输总量、使用期限、运输车型和当地气象条件等因素后确定。特殊路段应进行技术经济比较论证，在限制坡长条件下（不宜大于 200m），道路最大纵坡不大于 15%。

b）能兼顾地形条件，各期道路宜衔接使用。

c）能兼顾其他施工运输、两岸交通和施工期填筑体运输，宜与永久公路结合。

3）碾压式土石坝坝体填筑规划。应符合下列规定：

a）土质防渗体堆石坝、均质坝沿坝轴线方向宜采用全段施工，但在宽阔河道上，根据施工程序和施工总进度要求，也可研究采用分段施工方式。

b）坝体填筑横断面宜平起填筑、均衡上升。必要时也可研究填筑临时挡水断面。

c）运输车辆不宜穿越心墙、斜墙和趾板，若需穿越时应提出专门的施工措施。

d）土石料压实设备类型可根据土石料性质等因素选择，铺料厚度、碾压遍数等施工参数应根据土石料性质和压实设备性能通过分析研究或工程类比法确定。大中型土石坝工程可采用数字大坝填筑质量监控系统。

e）堆石料宜选用进占法铺料，级配较好的石料、砂砾（卵）石料等宜选用后退法铺料，铺料层厚度大于 1.0m 的堆石料应选用混合法铺料；碾压方向应沿建筑物轴线方向进行，碾压宜采用进退错距法作业，碾压前宜适当加水。

f）过渡料填筑宜采用后退法铺料，并与同层垫层料或反滤料一并碾压。

g）垫层料填筑宜采用后退法铺料，并与同层过渡料一并碾压。垫层料上游坡面可采用挤压式边墙、翻模固坡砂浆、碾压水泥砂浆、喷混凝土或喷乳化沥青等保护方式。

h）防渗体土料宜采用进占法铺填、平料，碾压方向应平行于建筑物轴线。土料含水率与最优含水率差别较大时应进行调整。接缝削坡坡度应根据选用的施工机械设备确定。

i）土料宜安排在少雨季节施工。土料在雨季施工，应选用适合的施工方案，采取可靠的防雨措施。

j）石料在负温条件下填筑时不应加水，并应减小铺料厚度和增加碾压遍数。当日平均气温低于0℃时，土料应按低温季节施工考虑；当日平均气温低于－10℃时，不宜填筑土料，否则应进行技术经济论证。土料在低温季节施工，应研究土料场的保温和防冻措施。

（6）混凝土施工。

1）混凝土拌和。混凝土原材料的选择应根据工程区的天然建筑材料和水文气象条件、环境条件、胶凝材料供应条件、混凝土性能要求、施工条件等因素，经技术经济比较后确定。

混凝土配合比应根据工程要求、结构形式、设计指标、施工条件和原材料状况，通过试验确定。大体积内部常态混凝土的总胶凝材料用量不宜低于140kg/m^3，水泥熟料含量不宜低于70kg/m^3。大体积内部碾压混凝土的总胶凝材料用量不宜低于130kg/m^3，最大集料粒径宜不大于80mm，粉煤灰或其他活性掺合料掺量宜控制在30％～65％，掺量超过65％时，应进行专题试验论证。常态混凝土水胶比最大允许值宜不大于0.65，碾压混凝土水胶比宜小于0.7。碾压混凝土拌和物稠度V_c值宜通过现场试验确定。

拌和系统的生产能力应满足浇筑强度和生产率的要求，选择合适的拌和站（楼）。

2）混凝土施工方案选择。混凝土生产、运输、浇筑和养护各施工环节应衔接合理，并制定合理的全过程温度措施。应满足施工强度、进度要求，选择施工工艺先进、设备配套合理、综合生产效率高的施工方案。运输过程的中转环节少，运距短，温度控制措施简易、可靠。初期、中期、后期浇筑强度宜协调平衡。

3）混凝土浇筑。浇筑程序、各期浇筑部位和高程划分应与供料线路、起吊设备布置和机电安装进度相协调，并符合相邻块高差及温度控制等有关规定。各期工程形象进度应能适应截流、度汛、下闸、封堵、蓄水等要求。

最大浇筑仓面尺寸应根据混凝土性能、浇筑设备能力、温度控制措施和工期要求等因素确定。用平浇法浇筑混凝土时，设备生产能力应能确保混凝土初凝前将仓面覆盖完毕；当浇筑仓面面积过大，设备生产能力不能满足时，可用台阶法浇筑。

大体积混凝土施工应进行温度控制设计。混凝土温度控制标准和温度控制措施应根据工程特点，施工条件，水文和气象条件，混凝土原材料的热、力学指标及混凝土配合比，混凝土和基岩热、力学指标，坝体温度场和应力场计算成果确定。

碾压混凝土施工宜避开高温季节施工，特别是基础约束区及重要部位。施工宜采用大仓面薄层连续上升，经试验论证能保证质量时可适当增大厚度。施工仓面面积较大，经论证后，施工可采用斜面铺料平仓碾压方式，坡度宜控制在1∶10～1∶15。

面板堆石坝的趾板混凝土施工，应在相邻区的垫层、过渡料和主堆石区填筑前完成。坝高不大于70m时，面板混凝土宜一次浇筑完成；坝高大于70m时，根据施工安排或度汛、提前蓄水需要，面板可分期施工，分期施工宜分为二期或三期。面板混凝土浇筑宜采用滑模自下而上分条进行，条与条之间宜采用跳仓浇筑方式。面板的浇筑顺序宜先浇筑中部面板，再向两侧浇筑。

（7）地下工程施工。

1）地下工程开挖。

a）地下工程施工方法及参数选择应以地下工程的围岩分类及产状构造特征、断面形状及尺寸为主要依据。施工通道应根据地下工程布置、规模、施工方法、施工设备、工期要求、地形和地质等因素，经过技术经济比较后选定。

用钻爆法开挖隧洞时，施工方法应根据断面尺寸、围岩类别、设备性能、施工技术水平，通过比较后选定，条件许可时宜选用全断面开挖。

b）竖井宜从井底出渣，如无条件从井底出渣时，可全断面自上而下开挖。井底有出渣通道可采用爬罐法、吊罐法、天井钻机或反井钻机施工导井，竖井井下有通道且断面较大时，可用导井法开挖；扩挖宜自上而下进行，围岩为Ⅲ～Ⅴ类时，支护应紧跟开挖面。

c）斜井倾角小于 6°时，可采用平洞方法开挖。倾角为 6°～30°可自上而下采用平洞方法开挖。倾角为 30°～45°小断面斜井可自上而下开挖，若自下而上开挖，应采取扒渣、溜渣措施；大中型断面斜井，可采用导井扩大开挖。倾角为 45°～75°可采用自下而上先挖导井、再自上而下扩挖或自下而上全断面开挖。倾角大于 75°时，可用竖井方法开挖。

2）出渣运输方式选择。运距较长时，宜采用电瓶机车有轨运输方式。机车在洞内行驶平均速度按 6km/h 计。隧洞断面满足汽车通行要求时，宜采用无轨运输。汽车在洞内、外平均行驶速度分别按 10km/h 及 20km/h 计。开挖宽度不能满足汽车回车要求时，每隔 200m 左右设回（会）车洞，或在洞内设移动式转向盘。斜井提升采用卷扬机，卷扬机运行速度不宜大于 2m/s；斜坡段应设置人行道，人行道边缘与车辆安全距离不小于 30cm。竖井提升多用吊罐，吊罐运行速度宜按：竖井在 40m 以内且无导向设备时，不超过 0.7m/s；井深在 40～100m 且沿导向设备升降时，不超过 1.5m/s；井深大于 100m 且沿导向设备升降时，不超过 3m/s。

3）支护。初期支护宜采用锚喷支护。当围岩条件差、锚喷支护难以满足安全施工时，应研究采用挂网喷混凝土、钢筋格构架、钢支撑、预应力锚杆及预应力锚索等不同组合的联合支护措施。对地下水活动强烈、膨胀性围岩及岩爆等不良地质区，应及时锚喷支护封闭，必要时应加强挂网或加钢肋。

4）衬砌。

a）平洞混凝土衬砌应在保证施工安全和工程质量前提下确定边墙、顶拱、底板衬砌顺序；有条件时可全断面一次衬砌；大断面洞室宜先衬顶拱。衬砌分段长度应在分析围岩特性、浇筑能力、模板形式及建筑物结构特征等因素后确定。

b）斜井及竖井混凝土衬砌分段应在分析围岩特性、结构形式及浇筑方式等因素后确定。当围岩稳定条件较差时，衬砌段长度应与开挖段长度一致，使两者能交替进行；建筑物结构外形变化处宜作为衬砌分段界线。

5）灌浆。水工隧洞中的灌浆宜按照先回填灌浆、后固结灌浆、再接缝灌浆的原则进行。

（8）金属结构及机电设备安装。

1）金属结构及机电设备运输。运输应遵守下列原则：

a）金属结构及机电设备从工地加工厂或拼装场运至安装现场的道路标准应满足运输尺寸及单件重量的要求。

b）运输设备应能满足特重件和特大件运输要求。压力钢管宜在工地加工或拼装成管节后再运至现场。应根据道路及两侧障碍物情况、管节尺寸、管节重量等选择平运或立运，若条件合适应优先选择平运方式。

c）大型工程的钢闸门和启闭机宜将部件运至安装现场进行组装。

d）附属设备在场内的起重、运输可利用主机设备的起重、运输设备，不宜另行设置。

2）金属结构吊装。吊装方法的选择应遵守下列原则：

a）吊装方法应根据构件外形尺寸、重心位置及单件重量、安装位置孔洞和通道尺寸确定。

b）宜利用施工现场已有的起重设备及起吊能力；使用专用起吊设备时，其制作安装时间应满足安装工期的要求。

c）宜考虑永久性桥机及启闭设备提前安装及使用的可能性。

d）应减少交叉作业，均衡生产。

5. 施工交通运输

（1）对外交通。

对外交通运输应进行技术经济比较，选定技术可行、经济合理、运行方便、干扰较少、施工期短、便于与场内交通衔接的方案。对外交通运输应分析计算外来物资和设备的总运输量、分年度运输量及运输强度。

对外交通运输方案选择应考虑下列因素：

a）工程所在地区可以利用的交通条件及相关交通运输设施情况，以及当地交通运输发展规划。

b）工程施工期总运输量、分年度运输量及运输强度。

c）主要外来物资的运输要求。

d）重大件运输要求。

e）与国家（地方）交通干线的联接条件，以及场内、外交通的衔接条件。

f）对外交通运输设施的建设工期、使用期限及投资等。在对外交通建设期内，应有临时交通方案。

g）转运站以及主要桥涵、渡口、码头、站场、隧道等的建设条件。

对外交通桥涵设计应符合《水利水电工程施工组织设计规范》（SL 303—2017）有关规定。

（2）场内交通。

场内交通应根据施工总进度确定的运输量和运输强度，结合地形、地质条件和施工总布置进行统筹规划。

1）场内交通规划。场内交通规划应考虑下列主要因素：

a）工程规模、工程特点、枢纽工程布置。

b）地形、地质及水文等自然条件。

c）对外交通运输方式及与场内交通的衔接。

d）当地建筑材料料场的位置及开采、加工方案。

e）施工方法及施工总布置规划。

f）运输量、运输强度、运输设备及运输距离。

g）存渣、弃渣调运要求。

h）施工期过坝交通、永久交通、对外交通等设施的利用。

场内永久道路、主要临时道路以及场内非主要临时道路应符合《水利水电工程施工组织设计规范》（SL 303—2017）要求。

2）带式输送机输送。带式输送机输送能力应根据地形条件、倾角、带宽、带速、驱动方式、拉紧装置形式及行程、机组电机容量等确定。

3）斜坡道卷扬运输。斜坡道卷扬运输线路宜直线布置，绞车房宜布置在斜坡卷扬道上方的延长线上，设备选择可按《水利水电工程施工组织设计规范》（SL 303—2017）附录计算。

4）架空索道运输。架空索道运输线路的平面布置宜为直线，应避开滑坡、泥石流、溶洞等不良地质区域。不宜与公路、铁路、桥梁和架空电力线路等设施交叉。

5）隧洞有轨运输。隧洞有轨运输宜设双车道，如用单车道时，应设错车道，其有效长度应满足列车车组的要求，间距应按行车密度确定。

6）转运站。外来物资的运输方式变换地点可设转运站，转运站宜利用当地交通运输部门已有转运站，或附近梯级水利水电工程已建转运站。拟新建转运站应具备建站条件，转运站规模应根据工程施工期对外运输量、高峰转运强度、转运物资种类、来源、运输条件、仓储方式等确定，应满足技术经济合理、安全可靠的要求，转运仓储规模应与场内仓储统筹考虑。

转运站设计应符合下列要求：

a）储运能力应满足施工强度及施工运输的要求。

b）场地选择应有足够的装卸作业、堆料和仓库用地，与外界交通联系方便。

c）装卸机械设备的选择应满足储运物资、材料、设备作业及转运强度和超限货物转运要求。

d）转运站布置宜结构简单、紧凑，方便装卸与运输，减少占地。

7）重大件运输。重大件运输采用铁路、公路、水路运输。重大件运输方案应根据现有运输道路路况、建筑物技术标准及通行条件确定。必要时应进行专题论证，并报有关主管部门审批。重大件运输方案选择应符合下列要求：

a）应根据现有铁路、公路、水运等交通运输条件，考虑重大件数量、解体后单件重量、运输外形尺寸、承重面积等因素，结合对外交通运输方式，经技术经济比较确定。

b）在满足运输条件下，应减少重大件的分解，宜采用整体方式运输。

c）重大件需分解运输时，应使交通干扰最小。

d）应减少重大件转运次数。

6. 施工工厂设施

施工工厂设施包括制备工程建设所需建筑材料设施，提供工程施工所需的水、电及压缩空气设施，建立工地内外通信联系，维修和保养施工设备，加工制作非标准金属构件等。

施工工厂规划布置原则如下：

a）应研究利用当地企业的生产设施，并兼顾梯级工程施工需要。

b）厂址宜设于交通运输和水电供应方便处，靠近服务对象和用户中心，避免物资逆向运输。

c）生活区宜与生产区分开，协作关系密切的施工工厂宜集中布置，集中布置和分散布置距离均应满足防火、安全、卫生和环境保护要求。

d）施工工厂的规划与设置宜兼顾工程实施阶段的分标因素。

1）砂石料加工系统。砂石加工厂通常由破碎、筛分、制砂等车间和堆场组成，同时还设有供配电、给水排水和污水处理等辅助设施。砂石料加工系统生产规模可按毛料处理能力划分为特大型、大型、中型、小型，划分标准见表 3－5。

砂石料加工系统设计中应采取除尘，降低或减少噪声以及废水处理措施。砂石料加工生产过程中产生的弃渣应运至指定地点堆存。

2）混凝土生产系统。混凝土生产系统规模按生产能力可划分为特大型、大型、中型、小型，划分标准见表 3－6。

表 3－5　砂石料加工系统生产规模划分标准

类　型	砂石料加工系统处理能力/(t/h)
特大型	≥1500
大型	≥500，<1500
中型	≥120，<500
小型	<120

表 3－6　混凝土生产系统规模划分标准

类　型	设计生产能力/(m^3/h)
特大型	≥480
大型	≥180，<480
中型	≥45，<180
小型	<45

混凝土生产系统的规模应满足质量、品种、出机口温度和浇筑强度的要求，单位小时生产能力可按月高峰强度计算，月有效生产时间可按 500h 计，不均匀系数按 1.5 考虑，并按最大仓面入仓强度要求校核。

根据设计进度计算的高峰月挠筑强度，计算混凝土浇筑系统单位小时生产能力可按式（3－1）计算：

$$P=K_hQ_m/MN \tag{3-1}$$

式中　P——混凝土系统所需小时生产能力，m^3/h；

Q_m——高峰月混凝土浇筑强度，m^3/月；

M——月工作日数，d，一般取 25d；

N——日工作时数，h，一般取 20h；

K_h——小时不均匀系数，一般取 1.5。

混凝土最大仓面浇筑时，必须在底层混凝土初凝前覆盖下一层混凝土，即混凝土拌和设备的小时生产能力还必须满足式（3－2）的要求：

$$Q_h=1.1(FD)/(t_1-t_2) \tag{3-2}$$

式中　Q_h——混凝土系统拌和楼所需生产能力，m^3/h；

F——最大仓面面积，m^2；

D——最大仓面混凝土分层浇筑厚度，m；

t_1——混凝土初凝时间，h，按有关水工混凝土技术规范和标准考虑；

t_2——混凝土出机后到浇筑入仓的时间，h，按有关水工混凝土技术规范和标准考虑；一般混凝土不要超过 1.5h，温控混凝土不超过 45min。

混凝土生产系统场址宜靠近混凝土浇筑地点，并应满足爆破安全距离，合理利用地形，主要建筑物的基础承载力满足要求。统筹兼顾工程分标及工程前、后期施工需要，宜避免中途搬迁，不与永久性建筑物干扰；高层建筑物或料堆应与输电设备及线路保持足够的安全距离。

厂址应与城镇和居民区保持一定距离，若在其附近布置加工系统时，应采取必要的防护措施。系统分期建成投产时应满足不同施工期混凝土浇筑要求。

混凝土生产系统宜集中和分散布置。

3）混凝土预冷、预热系统。制冷系统总体布置应与混凝土生产系统总体布置相结合，制冷系统宜靠近冷负荷中心布置。制冷系统以生产冷风、冷水、片冰为主，宜采用氨制冷系统。混凝土集料预冷方式应通过技术比较后确定，可采用冷水、加冰、风冷、水冷等单项或多项措施。

预热混凝土生产能力应根据低温时段混凝土浇筑高峰月强度计算。预热负荷应根据加热原材料、混凝土出机口温度、冲洗设备用水及建筑物采暖等所需热量计算确定。

供热设施宜靠近热负荷中心集中布置，低温季节预热系统设计时，集料、水可以直接加热，水泥不得直接加热。

4）压缩空气、供水、供电和通信系统。

a）压缩空气系统。宜根据用气对象的分布、负荷特点、施工进度安排及管网压力损失和管网设置的经济性等综合分析确定，可采用集中或分散供气方式。压气站规模可根据用气高峰期内同时使用的风动机械数量和额定耗气量计算或按用气负荷配置。

b）施工供水量。应满足不同时期日高峰生产用水和生活用水需要，并按消防用水量进行校核。施工用水、生活用水和消防用水应满足水质、水压要求。可按《水利水电工程施工组织设计规范》（SL 303—2017）附录规定计算执行。生产和消防用水应以河水为主要水源。生活饮用水应优先选用当地已有的水源。生活和生产用水宜根据水质要求、用水量、用户分布、水源、管道和取水建筑物设置等情况通过技术经济比较后选择集中或分散供水方式。

c）施工供电。电源宜优先采用网电并具备应急的备用电源，当无网电条件时可采用自备电源，各施工阶段用电高峰负荷宜按需要系数法计算；当资料缺乏时，用电高峰负荷可按全部工程用电设备总容量的25%～40%估算；当计算条件具备时，应按负荷曲线法计算分年用电量。可按《水利水电工程施工组织设计规范》（SL 303—2017）附录方法计算。

d）施工通信系统。宜与地方通信网络相结合。通信系统组成与规模应根据工程规模、施工设施布置以及用户分布情况确定。有条件的工程应设置光纤通信网络系统。

5）机械修配厂、加工厂。

a）机械修配厂。机械修配厂宜靠近施工现场，便于施工机械和原材料运输，配有停放设备和材料的场地，宜与汽车修配厂结合设置。汽车保养数量在50～300辆之间，宜集中设置汽车保养站。汽车数量多或工区较分散时，一级保养可分散设置，二级保养宜集中设置。

b）加工厂。压力钢管加工制作场地宜根据钢管直径、管壁厚度、加工及运输条件等因素确定。大型钢管宜在工地制作；直径较小且管壁较厚的钢管可在专业工厂内加工成节或瓦片，运至工地组装。

大型设备和金属结构拼装场宜靠近主要安装部位，拼装场地宜根据闸门和启闭机主要尺寸、水轮发电机类型、运输条件等因素确定。

木材加工厂规模宜根据工程所需原木总量、木材来源及其运输方式，锯材、构件、木模板的需要量和供应计划，场内运输条件等确定。

钢筋加工厂规模可按高峰月的日平均需要量确定。

混凝土构件预制厂规模宜根据构件的种类、规格、数量、最大重量、供应计划、原材料来源及供应运输方式等计算确定。

施工所用氧气宜在工程附近地区采购，当工程附近地区制氧厂供应能力不能满足或运距远、运输困难时，可在工地设制氧厂。

7. 施工总布置

施工总布置规划应综合分析水工枢纽布置及主体建筑物规模、形式、特点、施工条件和工程所在地区社会、自然条件等因素，合理确定并统筹规划为工程服务的各种临时设施。

施工总布置方案应贯彻执行合理利用土地的方针，遵循施工临建与永久利用相结合、因地制宜、因时制宜、有利生产、方便生活、节约用地、易于管理、安全可靠、经济合理的原则，经全面系统比较论证后选定。

施工总布置规划应符合环境保护和水土保持的有关规定，处理好施工场地布局与环境保护、水土保持的关系。

(1) 施工总布置方案比选。

施工场地条件具备不同的施工总布置方案时，应进行施工总布置方案比选，必要时应进行专题论证，施工总布置方案比选时应考虑下列因素：

a) 场地平整工程量。

b) 交通道路的工程量或造价指标，运输量及运输设备需用量。

c) 土石方平衡计算成果及渣场规划成果。

d) 风、水、电系统管线布置及主要工程量。

e) 生产设施、生活营地建筑物面积和占地面积。

f) 施工场地征地移民指标。

g) 施工工厂设施的土建、安装工程量。

h) 站场、码头和仓库装卸设备需要量。

i) 其他临时建筑物工程量。

施工总布置方案宜采用有利于施工封闭管理的布置方案。生活营地、大型工程主要施工工厂和重要临时设施的布置场地应有工程地质评价意见。

施工公用设施项目及规划布置应合理确定，并应明确各项公用设施范围及其分期实施面貌。

主要施工工厂和临时设施施工场区，防洪标准应根据工程规模、工期长短、河流水文特性等情况确定。

(2) 施工总布置及场地选择。

施工总布置应根据施工需要分阶段逐步形成，满足各阶段施工需要，做好前后衔接。初期场地平整范围宜按施工总布置最终要求确定。

施工总布置应在施工导流方案、主体工程施工分区确定后，重点研究下列因素：

a）施工临时设施项目的划分、组成、规模及场地布置。

b）对外交通连接方式、主要站场位置、主要交通干线及跨河设施的布置。

c）可利用场地的相对位置、范围、高程和面积。

d）临建工程和永久设施结合的可行性。

e）前后期结合和重复利用场地的可行性。

f）供生产、生活设施布置的场地。

施工总布置应紧凑合理，节约用地，优先利用荒地、滩地、坡地；不占或少占耕地、林地；应避开文物古迹，避免损坏古树名木。

工程施工区有多处场地可以选用时，应根据可选用场地的地形、地质条件、枢纽布置特点，以分区规划为重点，结合场内外主要交通运输线路的布置、施工场地征地移民情况，经分析比较后选定施工场地。

工程附近场地狭窄、施工布置困难时，可适当利用库区场地布置前期施工临时设施。可利用斜坡地形和高差布置砂石料加工系统、混凝土拌和系统，并按台阶式布置施工工厂设施、生活区，可提高临时房屋建筑层数和适当缩小间距，可利用弃渣填平洼地或冲沟作为施工场地，可研究采用地下布置或半地下布置等措施减少施工占地。

对于存在严重不良地质区或滑坡体危害的地区，泥石流、山洪、沙暴或雪崩可能危害的地区，重点保护文物、古迹、名胜区或自然保护区，与重要资源开发有干扰的区域，以及受爆破或其他因素影响严重的区域等地区，不应设置施工临建设施。

（3）施工分区规划。

1）施工分区。施工总布置可按功能分为下列区域：①主体工程施工区；②施工工厂区；③当地建材开采区；④工程存、弃渣场区；⑤仓库、站、场、码头等储运系统区；⑥机电、金属结构和大型施工机械设备安装场区；⑦施工管理及生活区；⑧工程建设管理及生活区。

2）施工分区规划布置应遵守以下原则：

a）应按对外交通运输方案，拟定场内、场外交通连接方式，拟定车站、码头和各施工区的位置，并确定场内永久交通主干线走向。

b）应根据建筑物布置、施工导流特点和当地建筑材料产地，以及工程主要土石方和混凝土运输流向，结合场地分布情况拟定场内主要交通干线。

c）以混凝土建筑物为主的枢纽工程，施工区布置宜以砂石料开采、加工、混凝土拌和、浇筑系统为主；以当地材料坝为主的枢纽工程，施工区布置宜以土石料开采、加工、堆料场和上坝运输线路为主。

d）机电设备、金属结构安装场地宜靠近主要安装地点。

e）施工管理及生活区应设在主体工程施工区、施工工厂和仓库区的适中地段。

f）工程建设管理区宜结合生产运行和工程建设管理需要统筹规划，场地应具有良好的外部环境，且交通方便，避免施工干扰。

g）主要物资仓库、站（场）等储运系统宜布置在场内外交通干线连接处或沿线，并能满足主体工程施工需要。外来物资的转运站远离施工区时，应按独立系统设置仓库、堆场、道路、管理及生活设施。

h）施工管理及生活营区的布置应考虑风向、日照、噪声、水源水质等因素，其生活设施与生产设施之间应有明显的界限。

i）施工分区规划应考虑施工活动对周围环境的影响，减少噪声、粉尘、振动、污水等对办公及居住区、变电站、水厂等的危害。

j）火工材料、油料等特种材料仓库布置应符合国家有关安全标准的规定。

k）施工工厂、站场和仓库的建筑标准应满足生产工艺流程、技术要求及有关安全规定，宜采用定型化、标准化和装配式结构。

（4）施工区房屋建筑面积和占地面积的确定。

施工工厂区建筑面积和占地面积由施工工厂设计确定。各种仓库、堆料的储存量以及建筑面积、占地面积按下列计算方法估算确定，或按同类工程经验类比确定。

1）材料储存数量应按式（3-3）计算：

$$q=Q\cdot t\cdot K/n \tag{3-3}$$

式中 q——需要材料储存量，t或m^3；

Q——高峰年材料总需要量，t或m^3；

n——年工作日数，d；

t——需要材料的储存天数，d，参考表3-7选用；

K——材料总需要量的不均匀系数，可取1.2～1.5。

表3-7 各种材料储存天数参考表

序号	材料名称	储存天数 t/天	备 注
1	钢筋、钢材	60～120	
2	设备配件	180～270	根据同种配件的多少乘以0.5～1.0的修正系数
3	水泥	7～15	
4	炸药、雷管	15～30	
5	油料	15～30	若当地有商业供应条件，储备天数可缩短
6	木材	30～90	采用水运时，储存时间按放排间隔确定
7	五金材料	20～30	
8	沥青、玻璃、油毡	20～30	
9	电石、油漆、化工	20～30	
10	煤	30～90	
11	电线、电缆	40～50	
12	钢丝绳	40～50	
13	地方房建材料	10～20	
14	砂、石骨料（成品）	10～20	

续表

序号	材料名称	储存天数 t/天	备　注
15	混凝土预制构件	10～15	
16	劳保、生活用品	30～40	
17	土产杂品	30～40	

2）施工材料（含半成品）仓库面积应按式（3-4）计算：

$$W=\frac{q}{PK_1} \tag{3-4}$$

式中　W——材料、器材仓库面积，m^2；

q——需要材料储量，t或 m^3；

K_1——仓库面积利用系数，参考表3-8选用；

P——每平方米有效面积的材料存放量，t或 m^3。

表3-8　　每平方米有效面积材料储存量 P 及仓库面积利用系数 K_1

材料名称	保管方法	堆高/m	每平方米面积堆置数量 P	储存方法	仓库面积利用系数 K_1
水泥	堆垛	1.5～1.6	1.3～1.5	仓库、料棚	0.45～0.6
水泥		2.0～3.0	2.5～4.0	封闭式料斗机械化	0.7
水泥		6.0～10.0	7～12	封闭仓楼罐式	0.8～0.85
圆钢	堆垛	1.2	3.1～4.2	料棚、露天	0.66
方钢	堆垛	1.2	3.2～4.3	料棚、露天	0.68
扁钢、角钢	堆垛	1.2	2.1～2.9	料棚、露天	0.45
工字钢、槽钢	堆垛	0.5	1.3～1.6	料棚、露天	0.32～0.54
钢板	堆垛	1.0	4.0	料棚、露天	0.57
钢管	堆垛	1.2	0.8	料棚、露天	0.11
铸铁管	堆垛	1.2	2.9	露天	0.38
钢线	料架	2.2	1.3	仓库	0.11
铝线	料架	2.2	0.4	仓库	0.11
电线	料架	2.2	0.9	仓库、料架	0.35～0.4
电缆	堆垛	1.4	0.4	仓库、料架	0.35～0.4
盘条	叠放	1.0	1.3～1.5	棚式	0.5
钉、螺栓、铆钉	堆垛	2.0	2.5～3.5	仓库	0.6
炸药	堆垛	1.5	0.66	仓库、料架	0.45～0.6
电石	堆垛	1.2	0.9	仓库	0.35～0.4
油脂	堆垛	1.2～1.8	0.45～0.8	仓库	0.35～0.4
玻璃	堆垛	0.8～1.5	6.0～10.0	仓库	0.45～0.6

续表

材料名称	保管方法	堆高/m	每平方米面积堆置数量 P	储存方法	仓库面积利用系数 K_1
油毡	堆垛	1.0～1.5	15～22	仓库	0.35～0.45
石油沥青	堆垛	2.0	2.2	料棚	0.5～0.6
胶合板	堆垛	1.5	200～300	仓库	0.5
石灰	堆垛	1.5	0.85	料棚	0.55
五金	堆垛	2.2	1.5～2.0	仓库、料架	0.35～0.5
水暖零件	堆垛	1.4	1.3	料棚、露天	0.15
原木	叠放	2～3	1.3～2.0	露天	0.4～0.5
锯材	叠放	2～3	1.2～1.8	露天	0.4～0.5
混凝土管	叠放	1.5	0.3～0.4	露天	0.3～0.4
卵石、砂碎石、	堆放	5～6	3～4	露天式机械化	0.6～0.7
卵石、砂、碎石	堆放	1.5～2.5	1.5～2.0	露天式非机械化	0.6～0.7
毛石	堆放	1.2	1.0	露天式非机械化	0.6～0.7
砖	堆放	1.5	700	露天式	
煤炭	堆放	2.25	2.0	露天仓库	0.6～0.7
劳保用品	叠放		100	料架	0.3～0.35

3）施工机械设备停置场地及仓库面积应按式（3－5）计算：

$$W=\frac{\sum N_a}{K_2} \tag{3-5}$$

式中　W——施工设备仓库面积，m^2；

N——储存施工设备台数；

a——每台设备占地面积，m^2，参考表3－9选用；

K_2——面积利用系数，库内有行车时取0.3，无行车时取0.17。

表3－9　　施工机械停放场地所需面积参考指标

序号	施工机械名称	停放场地面积/(m^2/台)	存放方式
一、起重、土石机械			
1	塔式起重机	200～300	露天
2	履带式起重机	100～125	露天
3	履带式正铲或反铲，拖式铲运机，轮胎式起重机	75～100	露天
4	推土机、拖拉机、压路机	25～35	露天
5	汽车式起重机	20～30	露天80%，室内20%
6	门式起重机（10～60t）	300～400	解体，露天80%，室内20%
7	缆式起重机（10～20t）	400～500	解体，露天80%，室内20%

续表

序号	施工机械名称	停放场地面积/(m^2/台)	存放方式
二、运输类机械			
8	汽车（室内）	20～30	一般情况下室内不小于10%
	汽车（室外）	40～60	
9	平板拖车	100～150	露天
三、其他机械类			
10	搅拌机、卷扬机、电焊机、电动机、水泵、空气压缩机、油泵等	4～6	一般情况下室内占30%，室外占70%

4）施工仓库（堆场）占地面积应按式（3-6）计算：

$$A=\sum WK_3 \tag{3-6}$$

式中　A——占地面积，m^2；

W——仓库建筑面积或堆场面积；

K_3——占地面积系数，按表3-10中指标计算。

表3-10　仓库占地面积系数参考指标

仓库种类	K_3
物资总库，施工设备库	4
油库	6
机电仓库	8
炸药库	6
钢筋、钢材库、圆木堆场	3～4

5）永久设备包括机械设备、电气设备、闸门及启闭机设备三大类型，根据永久设备不同的性质与技术要求，其储存仓库种类分为保温仓库、封闭仓库、敞棚仓库、露天仓库、电缆堆放棚等，各类永久设备的仓库面积应按式（3-7）计算：

$$F=\frac{Q\beta K_4}{P\alpha} \tag{3-7}$$

式中　F——组装场地面积，m^2；

Q——各类永久设备总重量，t；

K_4——同时储存系数，见表3-11；

β——永久设备需要各类仓库或堆场的百分率，见表3-12；

α——场地利用系数，取0.7～0.75；

P——永久设备单位面积储存量，t/m^2，见表3-12。

表3-11　永久设备同时储存系数 K_4

电站机组台数	1	2	3	4	>10
K_4	1	0.75	0.6	0.5	0.2

表3-12　永久设备库面积计算系数 β、P

仓库类别	机械设备		电气设备		闸门及启闭机设备	
	β/%	P/(t/m^2)	β/%	P/(t/m^2)	β/%	P/(t/m^2)
保温仓库	10	0.1	10	0.1		
封闭仓库	15～20	0.2	20	0.2	2	0.1

续表

仓库类别	机械设备		电气设备		闸门及启闭机设备	
	β/%	P/(t/m^2)	β/%	P/(t/m^2)	β/%	P/(t/m^2)
敞棚仓库	10～15	0.2	12～18	0.2	10	0.2～0.3
露天仓库	65～55	0.2	50	0.2	88	1.0～2.0
电缆堆放棚			8～2	0.01		

6）施工管理及生活区房屋建筑面积根据工程规模，宜按施工总进度施工高峰年平均人数乘人均建筑面积综合指标计算，人均建筑面积综合指标可取 12～15m^2/人。

8. 施工场地防洪与排水

沿河道（溪、沟）两岸主要施工工厂设施和临时设施的防洪标准应根据工程规模、工期长短、河流水文特性等情况，分析不同标准洪水对其危害程度，在 5～20 年重现期范围内采用。主要生活区和重要的施工工厂防洪标准应采用上限值。

河道沿岸的主要施工场地，防护措施应按选定的防洪标准确定，大型工程场地防护范围可根据永久工程水力学模型试验论证。

工程施工期临时堆存有用料的存渣场防洪标准，应根据渣场的位置、规模及渣料回采要求等因素，在 5～20 年重现期内选用。

库区死水位以下的渣场防洪标准，应根据渣场规模、河道地形与水位变化以及失事后果等因素，在 5～20 年重现期内选用。若蓄水前渣场使用时间较长，经论证可提高渣场防洪标准。

场内排水系统应统一协调规划，保证畅通，衔接合理。应符合高水高排、低水低排、多自排、少抽排的原则。场地地表雨水排除的地面坡度不宜小于 3‰，湿陷黄土地区不宜小于 5‰，建筑物周围场地坡度宜大于 2‰。

9. 施工用地

施工用地分为施工临时用地和永久用地。施工临时用地与永久用地应统筹规划，工程建设中应优先规划使用永久用地，并宜使临时用地和永久用地相结合。施工用地规划应遵照科学、合理、节约、集约用地、便于建设期和运行期管理、方便施工的原则。施工用地宜相互靠近、连片规划，避免小块交错穿插。

10. 施工总体布置实例

三峡水利枢纽位于长江三峡的西陵峡中段，坝址在湖北宜昌三斗坪。工程由大坝及泄水建筑物、厂房、通航建筑物等组成，具有防洪、发电、航运、供水等巨大的综合利用效益。坝顶高程 185m，坝长 2309.47m，总库容 1820 万 m^3，总装机容量 1820 万 kW。

三峡水利枢纽大坝为混凝土重力坝，左右两岸布置电站厂房，左岸布置升船机和永久船闸。主体建筑物土石挖方 10400 万 m^3、填方 4149.2 万 m^3，使用混凝土 2671.4 万 m^3。

初步设计推荐的施工总进度安排仍按三期施工。施工准备及一期工程 5 年，二期工程 6 年，三期工程 6 年，总工期 17 年。一期工程主要围护右岸，挖明渠，建纵向围堰；二期工程围护左岸，主河床施工，修建溢流坝及左厂房；三期工程围护右岸，主要施工右厂房。

（1）场地布置条件。

坝址河流宽阔，两岸为低山丘陵，沟谷发育。右岸沿江有 75～90m 高程带状台地，坝线下游沿江 6km 范围内有三斗坪、高家冲、白庙子、东岳庙、杨家湾等场地，坝线上游有徐家冲、茅坪溪等缓坡地可利用。左岸台地较少，而冲沟较发育，坝线下游 7km 范围内有覃家沱、许家冲、陈家冲、瓦窑坪、坝河口、杨淌河等较大冲沟，山脊普遍高程为 100～140m，沟底高程为 78～90m，另有面积约 100 万 m^2 的陈家坝滩地，地面高程 65m 左右；坝线上游有刘家河、苏家坳等场地。左右岸共有可利用场地 15km^2，可满足施工场地布置要求。

（2）场地布置原则。

1）主要施工场地和交通道路布置在 20 年一遇洪水位 77m 高程以上。

2）以宜昌市为后方基地，充分利用已建施工工厂、仓库、车站、码头、生活系统。坝址附近主要布置砂石、混凝土拌和及制冷系统，机电、金属结构安装基地，汽车机械保养、中小修配加工企业和办公生活房屋。

3）由于两岸都布置有主体建筑物，左岸尤为集中，故采用两岸布置并以左岸为主的方式。

4）生产与生活区相对分开。

5）节约用地，多利用荒山坡地布置施工工厂和生活区，利用基坑开挖弃渣填滩造地，布置后期使用的安装基地和施工设施。

6）根据主体工程高峰年施工需要，坝区布置相应规模的生产、交通、生活、服务系统，按两岸采用公路运输方式进行施工总体规划。

（3）左岸布置。

1）覃家沱—古树岭区。该区是左岸前方施工主要基地。布置有 120m、82m 及 98.7m 高程三个混凝土生产系统。120m 高程混凝土系统设 4×4m^3 和 6×4m^3 拌和楼各 1 座，供应大坝 120m 高程以上及临时船闸、升船机和永久船闸一部分混凝土浇筑；82m 高程混凝土系统设 4×4m^3 和 6×3m^3 拌和楼各 1 座，供应溢流坝、厂房坝段下游面 120m 高程以下部位和电厂混凝土浇筑；98.7m 高程混凝土系统设 2 座 4×3m^3 拌和楼，月产量 20 万 m^3，供应永久船闸混凝土浇筑。各混凝土系统分设水泥、粉煤灰储存罐及供风站。古树岭布置人工集料加工系统，设备生产能力为 2108m^3/h，承担左岸 4 个混凝土系统砂石料供应。

2）刘家河—苏家坳区。该区是左岸坝上游施工基地，苏家坳 90m 高程布置 4×3m^3 及 4×6m^3 拌和楼各 1 座，供应溢流坝、厂房坝段上游面和混凝土纵向围堰 90m 高程以上混凝土浇筑。刘家河、瞿家湾一带为弃渣场和二期围堰土石料备料堆场，弃渣量约 600 万 m^3。上游引航道 130m 平台至左坝头 185m 平台一带在弃渣场上布置有钢筋、混凝土预制、木材加工厂、机械修配厂（站）、汽车停放保养场及承包商营地等。

3）陈家冲—望家坝区。除望家坝约 1 万 m^2 地面高程在 70m 以上外，其余高程均在 60m 左右，葛洲坝蓄水后常年被淹。作为左岸主要弃渣场，结合主体工程弃渣填筑场地，布置后期投入使用的企业，如金属结构、压力钢管安装场和机电设备仓库，以及二期围堰土石料堆场。弃渣容量约 1600 万 m^3。

4）许家冲—黎家湾区。许家冲、陈家冲布置容量约 800 万 m^3 的岩石利用料堆场及 220kV 施工变电所。柳树湾布置生产能力为 $200m^3/h$ 的前期砂砾料加工系统。黎家湾布置物资仓库、材料仓库和承包商营地等。

5）瓦窑坪—坝河口区。该区为左岸主要办公生活区。布置有业主、监理、设计、施工办公和生活各类设施，建有高水准的餐厅、医院、体育场馆、公园、游泳池、接待中心等，是三峡坝区的办公、商业、文化中心。

6）坝河口—大象溪区。该区是对外交通与场内交通相衔接的区域。沿江峡大道布置有政府有关部门办事机构、保税仓库、鹰子嘴水厂、临时砂石码头、重件杂货码头，大象溪布置储量为 8000t 的油库，杨淌河布置前期临时货场、临时炸药库和爆破材料储放场地。

（4）右岸布置。

1）徐家冲—茅坪溪区。徐家冲弃渣场弃渣容量约 1600 万 m^3，谢家坪弃渣场弃渣容量约 450 万 m^3。此两处为右岸主要弃渣场。茅坪溪布置围堰备料场、围堰施工土石料堆场和茅坪溪防护坝施工承包商营地。

2）三斗坪—高家冲区。该区是右岸前方主要施工基地。青树湾布置 85m 和 120m 高程混凝土系统。85m 高程布置 $4\times3m^3$ 拌和楼 2 座和 $6\times3m^3$ 拌和楼 1 座，担负混凝土纵向围堰和导流明渠上游碾压混凝土围堰 58m 高程和 50m 高程以下混凝土浇筑，二期工程拆迁至左岸的 75m 和 79m 高程混凝土系统安装使用，三期工程在 84m 高程布置 2 座 $4\times3m^3$ 拌和楼，担负右岸大坝 85m 高程以下和电站厂房及三期上游横向混凝土围堰浇筑，120m 高程新建 $4\times3m^3$ 和 $6\times4m^3$ 拌和楼各 1 座，担负三期碾压混凝土围堰、明渠坝段和厂房的混凝土供应。风箱沟布置生产能力为 $815m^3/h$ 的砂石加工系统和砂石料堆场。高家冲、鸡公岭可弃渣 680 万 m^3，布置容量为 3000 万 m^3 的基岩利用料堆场，三斗坪布置汽车停放场、施工机械停放场、金属结构拼装场、基础处理基地。高家冲口布置生产能力为 $200m^3/h$ 的砂砾料加工系统、机电设备库、实验室等。

3）白庙子—东岳庙区。白庙子布置混凝土预制、钢筋、木材加工厂，水厂，消防站，建材仓库和物资仓库。东岳庙布置葛洲坝集团办公生活中心营地。江边布置船上水厂基地和砂石码头。

4）杨家湾区。该区布置对外交通水运码头、水泥和粉煤灰中转储存系统。右桥头布置有桥头公园。

（5）场内交通。

三峡场内运输总量约 53850 万 t，其中汽车运输量约 38210 万 t。共兴建公路约 108km，大中型公路桥梁 6 座，总长约 1700m。根据坝区场地条件，结合城镇发展，布置公路主干线连通施工辅助企业、仓库、生活区。左岸布置有江峡大道、江峡一路两条纵向主干道，坝址上、下游交通在临时船闸运行后由苏覃路改经苏黄路；右岸布置西陵大道，在导流明渠边坡加宽马道，以沟通坝区上、下游交通。

为满足施工期和未来两岸交通运输需要，在距坝轴线约 4km 的望家坝—大沱修建西陵长江公路大桥。因三峡工程分期导流及航运需要，要求最好河床不建桥墩，经长期研究比较，选定悬索桥，主跨约 900m，跨越下航道隔流堤，总长约 1450m。根据泥沙模型试验和实测资料，左岸滩地普遍淤积厚度较大，因此港口集中布置于右岸杨家湾，港区岸线约 1km，布置水泥、重件杂货、客运等 4 座码头；左岸设重件码头，兼做杂货码头使用。

工程施工初期，于右岸茅坪溪、三斗坪和丝瓜槽，左岸覃家沱、坝河口、小湾和乐天溪，共设置 7 座临时简易码头，担负两岸临时交通汽渡和施工机械设备进场运输。

(6) 办公生活布置。

初步估算施工高峰期职工人数 42700 人，在坝区居住的有 39700 人，共须修建办公生活房屋建筑面积 66 万 m^2，其中生活房屋建筑面积 44.5 万 m^2，公共房屋建筑面积 13.7 万 m^2，办公房屋建筑面积 7.8 万 m^2。右岸集中布置于东岳庙、高家冲两处，占地面积分别约 25 万 m^2、7 万 m^2；左岸集中布置于瓦窑坪一带，洞湾布置部分前期办公生活房屋。实施结果比原设计数字少一些，但大多数房屋与永久使用相结合。

(7) 场地排水与环保。

场内集水面积约 63km^2，设计排水量采用 10 年一遇、小时降雨量 80mm 的标准。以暗排为主，管网结构为箱涵或涵管，分区形成独立排水系统。考虑到施工附属企业一般不产生严重有害废水，施工期暂按混流制排水，即雨水、污水合用同一排水管道直接排入长江。排污管道与雨水道同时建成，先将排污管道封闭，工程建成后再改分流制，污水经处理后排入长江。各小区利用地形或行道树形成分隔带，降低噪声和灰尘，空地尽可能保留原有植被，场地绿化除选择适当地方重点绿化外，生产、生活小区利用零散场地植树种花进行绿化。晴天或干燥季节施工时要求路面洒水降尘。

(8) 施工布置的特点与经验教训。

三峡工程规模巨大，项目和标段繁多，施工总体布置的核心内容是如何适应这些项目及标段对施工场地、道路等方面的要求。三峡工程的施工总体布置在兼顾诸多因素的条件下满足了区域经济发展和国家宏观经济发展进程的要求。

施工总体布置格局较好地适应了施工管理模式和生产力水平。以左岸为主、右岸为辅，生产区、生活区相对分开。西陵大桥以上布置施工区，主要包括混凝土生产系统、弃渣场、综合加工厂、临时营地等；江峡大道以右布置仓储区及辅助工厂；西陵大桥以下，江峡大道与江峡一路之间布置办公、生活服务设施。右岸高家溪以上布置施工区，高家溪以下布置办公生活区及仓储、服务设施等。

施工交通规划和道路技术标准较合理，施工期间基本无交通堵塞和道路返修现象。

施工场地排水规划保障了坝区排水通畅。雨水与污水排放系统布置考虑近期与远期相结合。

施工景观布置与环境保护相结合。各小区利用行道树形成分隔带，空地尽可能保留原有植被，场地绿化除选择适当地方重点绿化外，生产、生活小区利用零散场地植树种花进行绿化，降低了噪声和灰尘，形成了良好的生产生活环境。

另外，根据工程施工实践，三峡工程施工总体布置在施工征地和考虑地方交通方面还有待改进。

任务情景二　施工组织与进度模拟

（一）工作任务

通过施工方案模拟，施工方能够直观地观察整个施工工艺流程，及早发现施工中可能存在的风险和缺陷，从而优化工艺，达到降低风险、缩短工期、减少成本、提供安全防范意识的目的。施工模拟是施工组织设计中的重要部分，该部分的工作任务是根据之前对节制闸上游连接段、闸室段、下游连接段等模型成果，在 Navisworks 中完成部分构件的施工进度模拟。

（二）工作目标

该任务的工作目标包括知识目标、技能目标和思政目标，见表 3-13。

表 3-13　　施工组织与进度模拟工作目标

任务情景二　施工组织与进度模拟	
知识目标	掌握应用 Navisworks 软件进行简单的施工进度模拟
技能目标	具有应用 Navisworks 软件简单进行施工模拟的能力
思政目标	主动学习、举一反三、作图规范、精益求精、大国工匠

（三）任务分组

按照表 3-14 填写任务分组名单。

表 3-14　　学生任务分组表

组号		班级		指导老师	
组长		学号			
组员					
任务分工					

（四）引导问题

（1）节制闸的施工组织设计包括哪些内容？

（2）节制闸的施工顺序是什么？

（3）在 Navisworks 软件中如何进行施工进度模拟？

（五）工作计划

（1）进行节制闸施工组织设计。

（2）在 Navisworks 软件中进行简单的施工模拟。

（六）施工进度模拟

该任务对节制闸闸室段进行简单的施工模拟，具体操作步骤如下。

1. 将模型导入 Navisworks 软件

（1）在 Revit 中打开节制闸模型，将模型导出为 NWC 格式，进行保存，如图 3－17 所示。

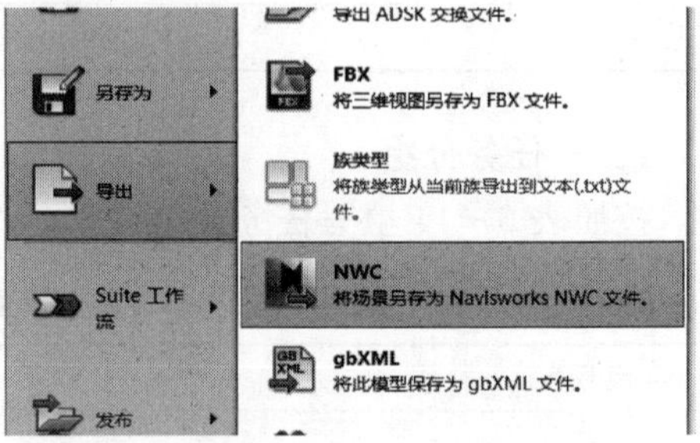

图 3－17　导出 NWC 文件

（2）打开 Navisworks 软件，将 NWC 文件导入，效果如图 3－18 所示。

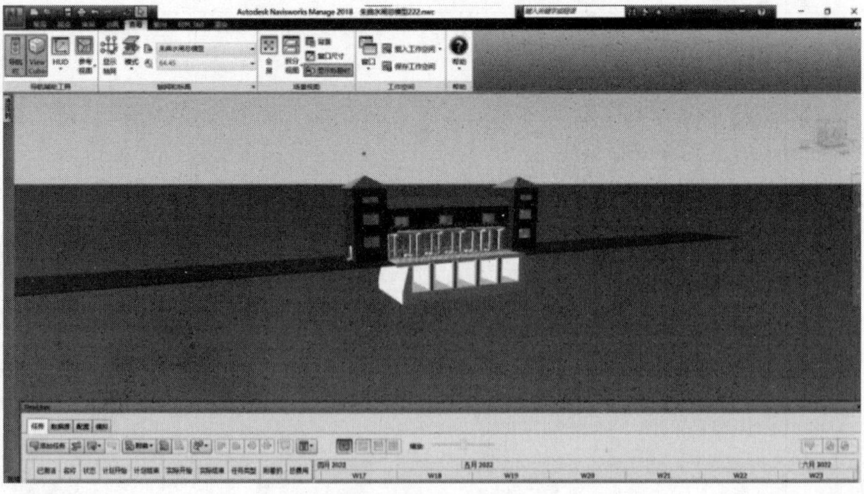

图 3－18　打开文件

2. 添加材质

在 Revit 和 Navisworks 软件中均可以添加材质。下面介绍 Navisworks 软件材质的添加方法。选择“常用”的“Autodest Rendering”命令，在“搜索”中输入所需材质名称，将材质添加到文档并编辑，材质添加完成，如图 3-19、图 3-20 所示。

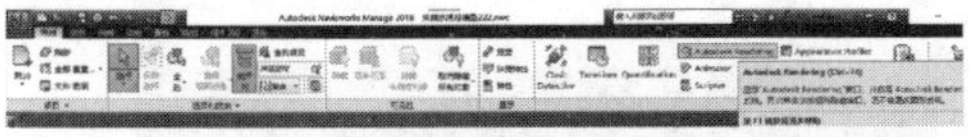

(a)“Autodest Rendering”命令

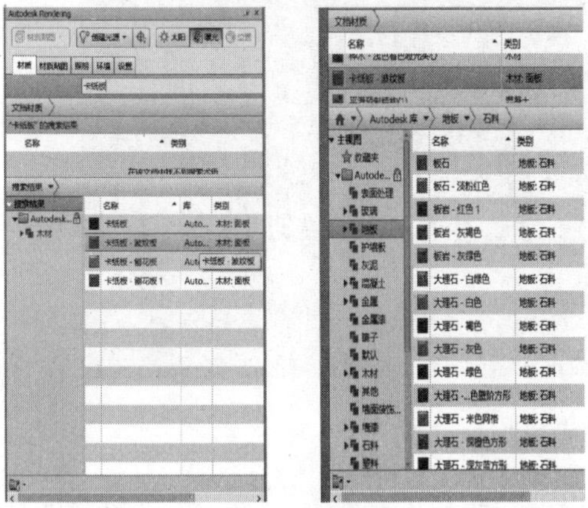

(b) 搜索材质

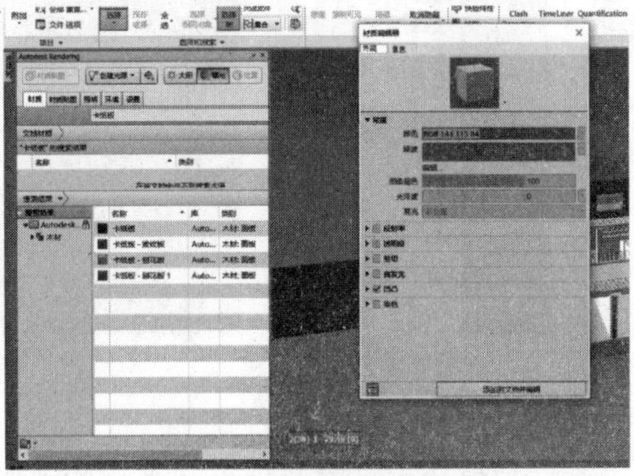

(c) 添加到文档并编辑

图 3-19 添加材质文档

图 3-20 添加材质效果图

3. 施工进度设置

(1) 编辑施工顺序。编辑施工顺序有两种方法：第一种是用“选择树”命令进行编辑，这种方法比较适合建筑模型；第二种是用“常用”的“集合”命令进行编辑，这种方法比较适合族或体量模型。

这里采用“常用”\“集合”命令，先选中构件，然后右击选择“保存”并命名。按施工顺序依次选择全部构件并命名，如图 3 - 21 所示。

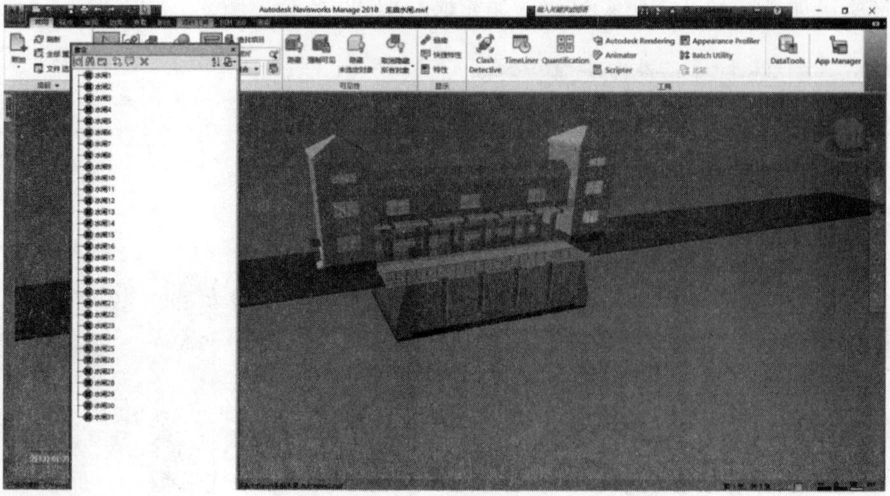

图 3 - 21　编辑完成

(2) 编辑施工进度。选择“常用”\“TIME Liner”命令，点击“针对每个集合”，在弹出的页面中可以填写计划开始时间、计划结束时间、实际开始时间、实际结束时间等信息，在“任务类型”里选择“构造”。选择“附着”的“附着当前选择”命令，将水闸附着，如图 3 - 22 所示。

(a) “TIME Liner”命令

(b) “针对每个集合”命令

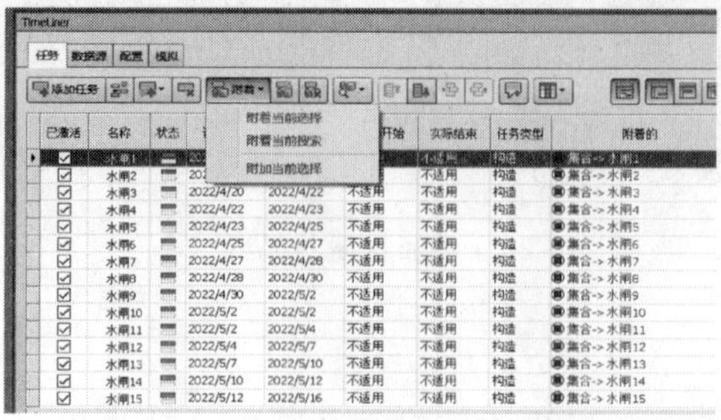

(c) 设置完成

图 3 - 22　设置施工进度

（3）设置动画。点击“模拟”，点击“设置”，调整参数，设置时间间隔为 5 秒，回放持续时间为 20 秒。设置完点击播放，开始模拟，如图 3－23 所示。

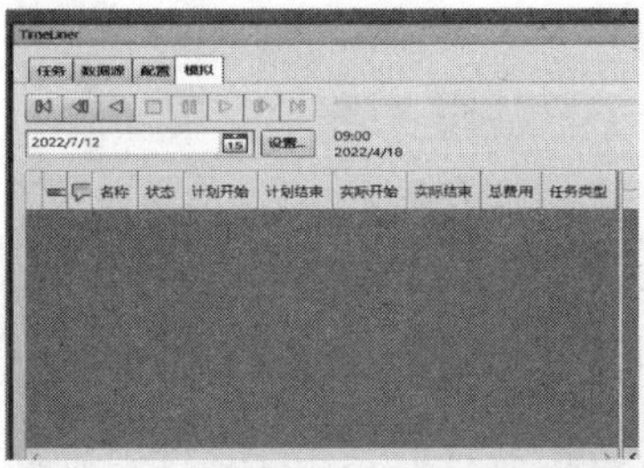

（a）选择“模拟 ”命令

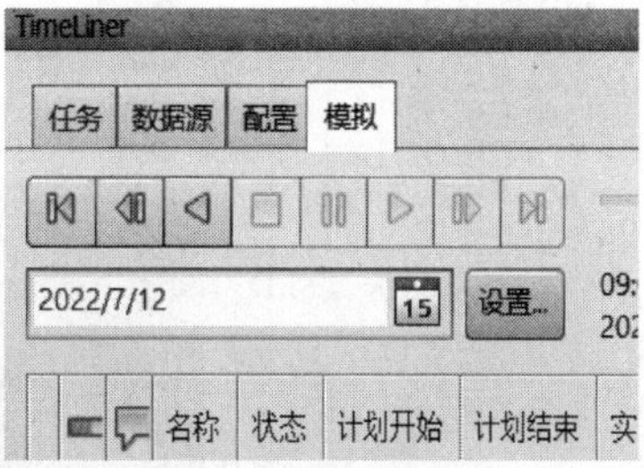

（b）点击“设置”

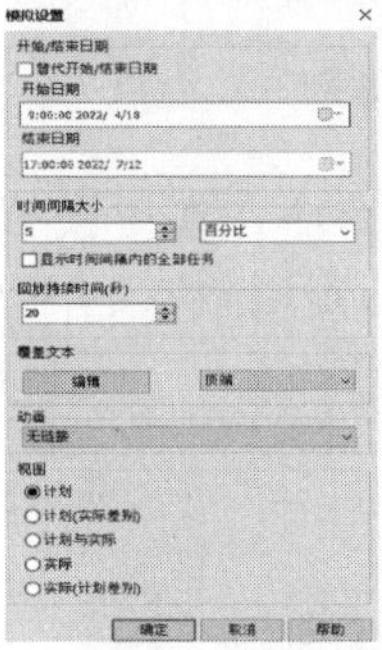

（c）调整参数

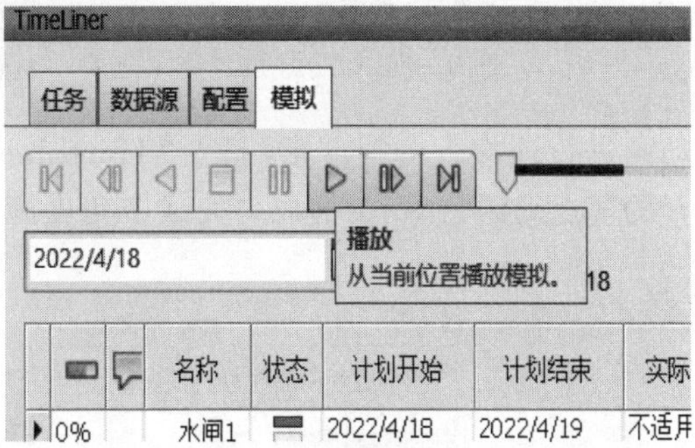

（d）点击播放

图 3－23　设置动画步骤

（4）施工进度动画模拟。选择“视点”，点击“保存视点”，在弹出的命令框中右键选择“添加动画（D）”。将模型移动到合适的位置，右击动画选择“保存视点”，将模型的所有视点保存完成。点击播放，试看效果，如图 3－24 所示。

（a）点击“保存视点”

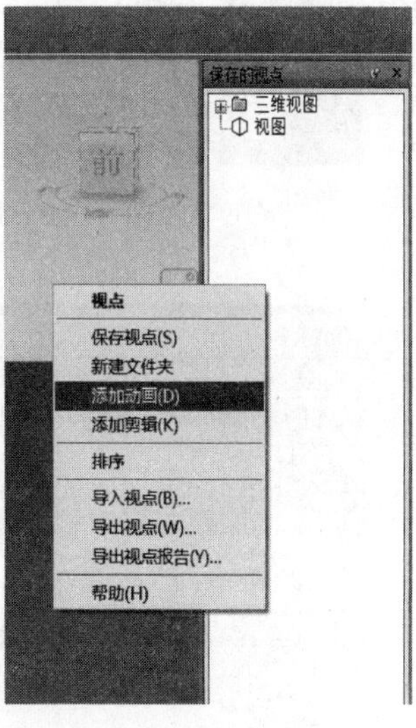

（b）右键“添加动画（D）”

图 3－24（一）　设置施工进度动画模拟步骤

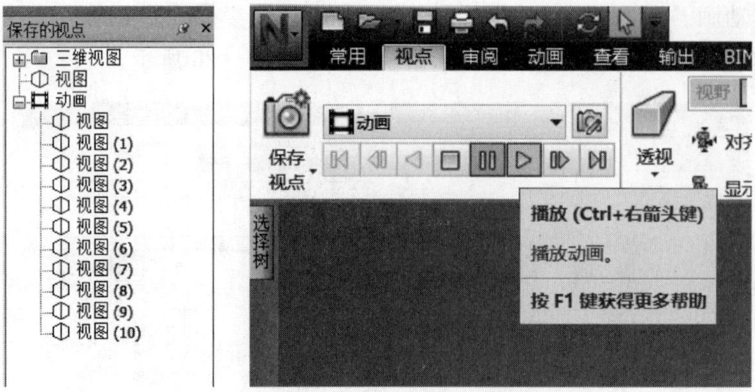

（c）添加全部“视点”　　　　（d）点击播放

图 3 - 24（二）　设置施工进度动画模拟步骤

将设置的动画进行连接。选择“常用”\“TimeLiner”命令，在“模拟”的“设置”中，选择“保存的视点动画”，点击播放，完成多角度施工动画模拟，如图 3 - 25、图 3 - 26 所示。

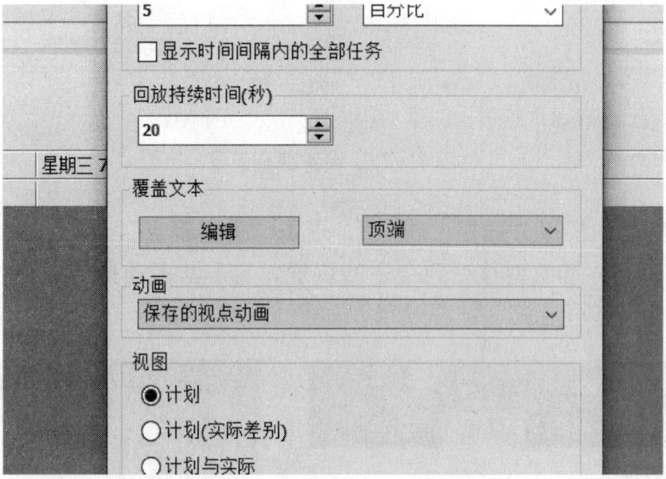

图 3 - 25　选择“保存的视点动画”

图 3 - 26　点击播放

（七）评价反馈

评价包括学生自评（占 50%）和教师评价（占 50%）两部分，学生自评表见表 3－15，教师评价表见表 3－16。

表 3－15　　学 生 自 评 表

班级		姓名		学号	
工作任务三	任务情景二　施工组织与进度模拟				
评价项目	评　价　标　准			分值	得分
①导入 Navisworks 软件	掌握导入方法与步骤			20	
②添加材质	正确添加材质			30	
③施工进度模拟设置	施工模拟设置准确度，动画添加的方法与步骤			50	
合　　计				100	

表 3－16　　教 师 评 价 表

班级		姓名		学号	
工作任务三	任务情景二　施工组织与进度模拟				
评价项目	评　价　标　准			分值	得分
①平时表现	出勤，课堂表现			40	
②成果评价	施工模拟效果			30	
③小组表现	团队合作完成任务			30	
合　　计				100	

（八）相关知识点——节制闸施工组织设计

1. 施工条件

（1）工程条件。

杜公河朱曲节制闸位于尉氏县朱曲镇朱曲村东杜公河上，该闸建于 1974 年，控制流域面积 144.64km^2。最大过闸流量 84.26m^3/s，根据《水闸设计规范》（SL 265—2001）中平原区水闸枢纽工程分等指标标准划分，该闸为Ⅳ等工程，枯水期正常蓄水位 66.90m，拦蓄水量 15 万 m^3，设计灌溉面积 1.9 万亩。

闸室顺水流方向闸孔长 12m，底板厚 1.0m。分 5 孔，每孔净宽 3m，闸孔总净宽 15m，中墩厚 1.0m，边墩厚 0.7m。闸墩顶部高程 68.860m，闸墩上部设置排架，排架高度 3.5m，排架上设置工作桥和砖混结构启闭机房，闸室两岸设置砖混结构桥头堡。交通桥布置在闸室下游侧，桥面净宽 4.5m，总宽 5.1m。检修便桥布置在闸室工作桥上游侧，总宽 1.4m，净宽 0.8m，钢筋混凝土板式结构。

该闸防渗包括上游混凝土铺盖、闸室底板两部分，铺盖长 10.0m。

闸室下游设置 1.0m 长的出流平台，其后接消能防冲设施，消力池选用挖深式消力池，消力池长 12.0m，池深 0.5m，以 1∶5 的斜坡与底板连接，斜坡段长 2.5m。按抗冲要求，护坦厚度 0.5m，其下铺设 0.1m 厚的粗砂垫层及 350kg/m² 的土工布。

消力池末端布置海漫，长 20m，前 5m 采用平坡段，后 15m 采用 1∶50 斜坡段。海漫均采用 0.5m 厚的格宾石笼结构，下部铺设 0.1m 厚的碎石垫层。

海漫末端布置防冲槽，防冲槽为梯形断面，底宽 2m，深 0.73m，上、下游边坡坡度均为 1∶3。

工程分筹建期、准备期、主体工程施工期和工程完建期。工程施工总工期为 8 个月（当年的 10 月至次年的 5 月），其中工程准备期 1 个月（当年 10 月），主体工程施工期 6 个月（当年 11 月至次年 4 月），工程完建期 1 个月（次年 5 月）。

（2）自然条件。

1）气象条件。项目区域地处内陆，属暖温带半湿润大陆性季风气候，四季分明，雨量、气温适中。根据开封市气象部门 1976—2008 年的观测资料，项目区气象特征值如下：

据开封市气象站观测资料，年平均气温为 14℃，元月最低平均气温为 0.7℃，其中极端最低气温为−19.1℃，7 月最高平均气温为 27.4℃，其中极端最高气温 43.4℃，初霜日期多年平均在 10 月 31 日，终霜日期多年平均在 3 月 29 日，最长达 261 天，最短 178 天，全年无霜期平均为 215 天。平均风速 2.7m/s，全年主导风向为西北风。年平均日照累计为 2530 小时。

2）水文地质条件。场区地下水类型为第四系孔隙潜水，其补给来源主要为大气降水、渠道渗水及侧向径流补给，排泄方式以人工取水灌溉为主，地下水位年变幅约 1m。勘测期间，测的地下水高程 61.580～62.080m，分布在轻粉质壤土层中。据资料，地下水 pH 值为 7.3，为中性水；总硬度为 22.680dH，为硬水；矿化度为 0.594g/L，为淡水。地下水类型主要为 HCO_3—Cl—Ca—Na 型。按《水利水电工程地质勘察规范》（GB 50287—99）G.0.3 环境水腐蚀性判定标准，地下水对混凝土无腐蚀性。

施工开挖建基面高程约 63.750m，地下水高程 61.580～62.080m，低于建基面，因此不存在地下水施工排水问题。

（3）对处交通条件。

工程现场距离尉氏县城近，场区有乡间公路通过，可与尉氏和开封境内的公路网配合，对外交通条件便利，所需各种建筑材料都可通过开封或尉氏县及时运抵现场，水闸除险加固施工时的交通非常便利。

从开封到朱曲水闸路线：开封（出开封市区经 S219 向南行驶 45km）—尉氏县（经 S220 向西南行驶 25km）—朱曲镇（向西北行驶 0.5km）—朱曲村。

（4）施工期水、电供应条件。

工程区地表水、地下水对混凝土无腐蚀性，可作为施工和生活用水。

该工程用电主要是钢筋加工、混凝土浇筑和砌石等用电，施工及生活用电以电网供电为主。朱曲村有 10kV 电网通过，距工程场地 1.5km，经变压器降压后，可作为生产生活用电电源，现有通信线路及无线通信网络能够满足施工期需求。另外，还需配备柴油发电机以备停电时使用。

(5) 建筑材料供应。

本工程区地处平原，天然建筑材料砂石料贫乏，但由于交通便利，建筑材料可在尉氏县城市场购买直接运至施工现场，运距25.5km。

朱曲闸附近土料丰富。

场区附近无合格天然砂砾料，需外购，宜采用信阳明港地区出产的粗砂，距本场区约300km。块石料可选自千尺山石料场，该料场位于荥阳市贾峪镇西南约6km阴沟村西，北部约5km有贾峪镇—崔庙镇乡级公路经过，距本场区约150km。

工程所需的主要建筑材料如钢材、水泥、木材等可从开封及尉氏县建材市场批发采购。汽油、柴油可与当地石油公司联系洽谈批发采购使用。

(6) 劳动力及其他。

工程施工可通过公开招标方式选择具有相应水利水电工程施工资质且信誉良好的施工队伍进行工程建设，所需劳动力主要由当地劳务市场供应。

施工通信方式采用移动电话，该区域通信网较完善，因而场内、场外均直接使用当地电信部门的通信网进行联络。

(7) 主要工程量及材料量。

完成以上工程共需土方开挖11679.11m^3，土方回填8605.24m^3，混凝土及钢筋混凝土2365.33m^3。工时90274个，需水泥905.95t，钢筋82.17t，砂子1502.36m^3，碎石2368.23m^3，块石1534.03m^3，汽油2.21t，柴油18.51t。

2. 施工导流

(1) 导流标准。

根据《水利水电工程施工组织设计规范》(SL 303—2004)，永久建筑物水闸的级别为4级，根据水文资料分析及其保护对象、失事后果、使用年限和围堰工程规模，通过经济比较，采用土石围堰，临时性建筑物级别为5级，导流建筑物洪水标准为5～10年一遇。施工期安排在当年10月到次年5月，导流标准按非汛期设计，导流设计流量1.9m^3/s。

(2) 导流方式。

本工程经过全面比较后拟采用全段围堰法明渠导流方式。水闸施工时采用左岸导流明渠导流，并在水闸上下游修筑围堰，在基坑周围设井点排水以降低基坑的地下水位。

(3) 导流建筑物设计。

根据导流方式及现有导流建筑物状况，本次导流设计内容包括导流明渠设计和围堰设计。

1) 导流明渠设计。导流明渠位于水闸左岸，使其与上游河道和水闸下游河道连接，将施工期洪水导入导流明渠宣泄到河道下游。

开挖后导流明渠长270m，过水断面由明渠均匀流计算，公式如下：

$$Q=AC\sqrt{Ri}$$

$$C=\frac{1}{n}R^{\frac{1}{6}}$$

$$A=bh+mh^2$$

$$\chi=b+2\sqrt{1+m^2h}$$

$$R=\frac{A}{\chi}$$

式中　Q——导流明渠流量，m^3/s；

C——谢才系数，$m^{1/2}/s$；

R——水力半径，m；

χ——湿周，m；

n——糙率；

m——边坡系数；

A——过水断面面积，m^2；

b——断面底宽，m；

h——水深，m；

i——比降。

导流明渠的设计标准断面为底宽2m，水深0.77m，边坡1∶2，比降1/230，入口处设计底高程为64.780m，出口底高程为63.610m。

2）围堰设计。水闸下游围堰不仅起到拦水作用，还作为交通便道使用（在水闸施工过程中，原有交通道路将被打断）。因此，下游围堰断面设计不仅要满足拦水高度需要，还要满足交通需要。

a）上游围堰设计。按洪水标准5年一遇导流后，河道施工期水位为64.900m，以此为静水位，加相应的波浪爬高、安全超高，最终确定围堰高程（作为临时性挡水建筑物，不考虑风壅增高）。波浪爬高按0.5m计。参考《水利水电工程等级划分及洪水标准》（SL 252—2000）有关要求，确定安全超高为0.50m。

由以上计算可知，堰顶高程应不低于64.90＋0.50＋0.50＝65.90（m）。确定上游围堰高2.0m，堰顶宽度按3.0m确定。

由于工程区土质多为砂土和黏土，围堰边坡系数不应过小，为保持围堰稳定，确定围堰边坡坡度为1∶2；并在迎水面边坡外侧堆置编织袋填土围堰，厚度约为0.5m。

b）下游围堰设计。水闸下游围堰不仅起到拦水作用，还作为交通便道使用，因此，下游围堰断面设计不仅要满足拦水高度需要，还要满足交通需要。计算过程同上游围堰。经计算，确定下游围堰高2.5m。考虑下游围堰交通需要，堰顶宽度按5.0m设计。

由于工程区土质多为砂土和黏土，围堰边坡系数不应过小，本着“节约投资”的原则，确定围堰边坡为1∶2.5，并在迎水面边坡外侧堆置编织袋填土围堰，厚度约为0.5m。

（4）导流工程施工。

横向围堰填筑2600m^3，利用上下游河道开挖土方，以74kW推土机为主，1m^3挖掘机辅助完成围堰土方的填筑，上游横向围堰防护采用人工挖土编织袋装土，搬运至砌筑现场码砌，随着编织袋逐渐向上砌筑，黏土分层压实与码砌编织袋平齐上升，编织袋装土工程量199m^3，填筑土方2401m^3。围堰拆除采用1m^3挖掘机配8t自卸汽车挖运，弃置弃土区。

施工场地明水较多，可在围堰填筑完成后，在围堰边缘设集水井，每座基坑采用2台功率7.5kW型号150WL145-10的排污泵抽排明水。由于施工区土壤渗透系数较大，为保证基坑干燥，在基坑周围设轻型井点排水，使开挖及混凝土浇筑能够正常进行。

3. 料场

工程需天然建筑材料：砂子1502.36m³，碎石2368.23m³，块石1534.03m³。据调查，该工程的砂主要来源于杜公河；碎石、块石由尉氏县县城建材市场提供。工程天然建筑材料，选择施工单位自行采购方式。

工程区两岸的第②层中粉质壤土，各项指标符合工程回填土的质量标准，可作为回填土使用。本工程主要建筑物共开挖11679.11m³，土方回填8605.24m³，根据工程设计回填土料的要求和料场规划原则，所有开挖料首先考虑用于本工程，并且把合格的土料堆放在临时堆料场，运距500m，不能利用的则作弃料处理。弃料采用1m³挖掘机挖，8t自卸汽车运输，运距1000m。

4. 主体工程施工

工程严格按照《水工混凝土施工规范》(SL 677—2014)的要求进行施工。

(1) 水闸施工。

1) 施工顺序。水闸工程包括老闸拆除、新闸室重建、上下游连接段混凝土浇筑和格宾石笼砌筑、机架桥浇筑、金属结构和机电设备安装等工程。

施工程序：老闸拆除→闸室段浇筑→消力池段浇筑→上游翼墙与下游翼墙浇筑→上游护坡、护底浇筑→下游海漫砌筑→下游护坡浇筑→机架桥浇筑→启闭机房及桥头堡砌筑→启闭机安装及调试→闸门安装。

2) 施工特点和技术要求。

施工特点：基坑开挖过程中，除注意排水问题外，还应注意开挖边坡的稳定性。

由于施工区土壤的渗透系数较大，为保证基坑干燥，在基坑周围设轻型井点排水，使开挖及混凝土浇筑能够正常进行。

施工技术要求：

a) 混凝土开仓浇筑前，应做好各项准备工作，确保场区交通以及风、水、电供应顺畅；混凝土拌和、运输和浇筑机械应安装调试完毕；各类建筑材料应充裕并有一定的储备；配备足够的排水设备，保证混凝土施工正常进行。

b) 混凝土应按设计要求配合比严格控制材料配比量。在混凝土浇筑时，采用机械拌制和运输。混凝土的拌和时间应根据坍落度试验确定，一般不宜少于1.5min。

c) 根据经验，从拌成到开始浇筑，以不超过45min为宜，超过者作为废料处理。混凝土的入仓温度在25℃以下，如气温太高时可避开高温时段再进行浇筑。冬季施工当气温低于－10℃时应停止浇筑，必须浇筑时要有保温防冻措施，以防混凝土出现裂缝。混凝土浇筑时如遇降雨，当雨量超过5mm/h又无防雨措施时要立即停止浇筑。

d) 在混凝土浇筑施工时，应严格按操作规程进行，以防出现麻面、蜂窝、空洞、裂缝等，造成返工。

e）混凝土的养护工作是保证其质量和强度达到设计要求的重要保证措施。混凝土浇筑完一般 6～18h 内即开始洒水养护，平面混凝土养护可用水覆盖或用草袋、湿沙覆盖，垂直方向养护可人工或用带孔水管定时洒水养护，保持混凝土表面经常湿润，养护期不少于 14d。冬季为了防止混凝土发生冻裂，应采取保温措施，减少洒水次数，0℃以下停止洒水。

3）施工方法。

a）混凝土拆除。拆除桥板等 98.28m^3，主要采用机器拆除，辅以人工拆除。拆除废弃物以人工填装，采用 1t 机动翻斗车运输至 40m 外的弃渣场。

拆除闸墩、闸底板、上下游翼墙、消力池等砌石 1681.3m^3，拆除交通桥、铺盖、排架等砌砖 1495.73m^3，主要采用机器拆除，辅以人工拆除。拆除废弃物以人工填装，采用 1t 机动翻斗车运输至 40m 外的弃渣场。

b）土石方工程施工。主体工程土方开挖 11679.11m^3，土方回填 8605.24m^3。主体工程土方开挖是在导流工程完成和排除河道内积水后进行的。根据工程总体安排，首先开挖闸室段，紧接着进行进、出口段的土方工程。土方开挖采用 1m^3 挖掘机挖装，55kW 的推土机推至两岸堆放待回填。本工程基坑开挖、处理要求在 1 周内完成。

土方回填要求在混凝土强度达到 75%以上时进行。填土前，必须对混凝土表面的乳皮、粉尘、油毡等用风枪清除干净。填筑用 1m^3 挖掘机装，55kW 推土机推运，2.8kW 的挖式打夯机夯实。土方回填施工进度，是随各部位回填要求进行的。

c）混凝土工程。混凝土护坡采用现浇方法，由搅拌机集中拌和，机动翻斗车水平运输直接入仓浇筑，当入仓高度大于 2m 时，应采用溜槽入仓，混凝土入仓前必须将仓内木屑、杂物和积水清理干净。混凝土振捣采用 1.1kW 插入式振捣器或 2.2kW 平板振捣器进行振捣密实，要求振捣均匀、密实。其允许最大浇筑厚度见表 3-17。

表 3-17　　混凝土浇筑层允许最大厚度表

振捣方法	振捣器类别	允许最大厚度
插入式	软轴振捣器	振导器头长度的 1.25 倍
表面式	在无筋或少筋结构中	250mm

另外，混凝土在冬季施工时应做好保温措施，当气温低于 3℃时，尽可能在日温较高时开仓浇筑。施工区最冷为 1 月，温控采用延长搅拌时间（20%～25%）和加热水拌和的方法解决。用热水拌和，水温一般不宜超过 60℃，超过 60℃时，应改变拌和加料顺序，将骨料与水先搅和，然后加入水泥拌和，以免混凝土假凝。

当混凝土浇筑完毕后，应及时根据气候温度条件，做好防温、保温、洒水等养护工作，针对建筑物的不同情况选用洒水和薄膜方法进行养护。

（2）机电设备及金属结构安装。

1）机电设备安装。本工程安装闸门及机电设备工程量见表 3-18。

表 3-18　　闸门及机电设备工程量

工程名称	金属结构							机电设备	
	闸门安装		埋件安装		检修门轨道/t	启闭机安装		100kVA变压器/台	10kV输电线路/km
	数量/扇	总重/t	数量/孔	总重/t		数量/台	总重/t		
节制闸	5	15	5	12	1.70	5	8.0	1	1.5

根据《电气装置安装工程施工及验收规范》（GB 50254—96、GB 50255—96、GB 50256—96、GB 50257—96）的有关规定，结合本工程具体情况，对电气设备安装提出如下要求：

(a) 电力变压器安装：按照《电气装置安装工程　电力变压器、油浸电抗器、互感器施工及验收规范》（GB 50148—2010）的有关规定进行，主要包括：

a）安装前，混凝土基础及构架达到允许安装的强度，预埋件牢固。

b）变压器运到现场后，应进行吊芯检查，并综合分析判断是否需要干燥，若进行干燥时，在保持温度不变的情况下，绕组的绝缘电阻下降后再回升，持续6h保持稳定，且无凝结水产生时，可认为干燥完毕。

c）变压器安装时装有主体继电器方向应有1%～1.5%的升高坡度。

(b) 盘、柜及二次结线安装：按照《电气装置安装工程　盘、柜及二次回路接线施工及验收规范》（GB 50171—2012）的规定，适用于各类配电盘、控制盘、保护盘、屏台箱和面套柜等及其二次回路线安装工程的施工及验收。主要有：

a）设备到达现场后，按规范要求外观检查合格。

b）设备安装前建筑工程应具备设备安装的条件。

c）盘柜上模拟母线的标志颜色应符合规范规定：交流35kV-浅黄；交流6kV-深兰；交流0.4kV-黄褐；交流0.23kV-深灰；直流180V-褐。

d）基础型钢安装后，其顶部高程宜高出抹平地面10mm；手车式面套柜按产品技术要求执行，基础型钢应有明显的可靠接地，盘柜安装均在基础型钢上钻孔攻深，以螺栓固定之。

e）盘、柜安装，其垂直度、水平偏差以及盘、柜面偏差和盘柜间接缝的允许偏差应符合规范要求。

f）手车柜和抽屉柜的手车、抽屉推拉应灵活轻便，无卡阻、碰撞现象，相同型号的手车及抽屉应能互换。

2）金属结构安装。金属结构件的制造安装应按照《水利水电工程　钢闸门制造、安装及验收规范》（GB/T 14173—2008）执行，启闭设备的安装制造应按照《水利水电工程　启闭机制造安装及验收规范》（SL 381—2007）执行，焊接应按照《水工金属结构焊接通用技术条件》（SL 36—2016）执行。

金属结构件与启闭机应选择有行业主管部门颁发资质证书的生产厂家加工制造。

平板钢闸门埋件均采用二期混凝土，埋件应利用预埋螺栓或调整。

螺栓进行精确定位，合格后用 Φ20 钢筋把埋件和一期插筋焊牢，埋件工作面的对接接头的错位均应进行缓坡处理，过流面及工作面的焊疤和焊缝应铲平磨光，凹坑应补焊平并磨光。埋件二期混凝土拆模后，应对埋件进行复测，并做好记录，同时检查混凝土表面尺寸，清除遗留的钢筋和杂物，以免影响闸门启闭。施工工期应配合土建进度分段进行。

大型结构件吊装应充分利用施工单位已有的起重设备。使用专用起吊设备和自制起吊设备时，其安装制作时间要满足安装工期要求。

大型构件的起吊应找准重心位置，防止起吊变形，影响安装质量。

闸门安装好后应在无水情况下做全行程启闭试验。试验前应检查充水阀在行程范围内的升降是否自如，在闭门状态时止水是否严密，检查吊杆的连接情况，滚轮、支铰转动是否自如。启闭闸门时，应在止水橡皮处浇水润滑。

卷扬式启闭机的安装，应在其安装平台完工并达到设计强度后进行，其安装时间应和闸门安装一同考虑。如条件允许，应先装启闭机后装闸门，这样可以省去一套吊装闸门的临时起吊设备。

闸门、启闭设备的制造安装按照金属结构制造安装及验收规范执行。平板闸在工厂拼装合格后运输到工地，止水装置、滚轮等部件工地组装。启闭设备运到工地后放在室内保存，防止受潮和损坏，结构件防止在运输、安装中损坏油漆。

卷扬式启闭机应做电气设备试验，作无负荷试验和负荷试验，有条件者在厂内做过载试验。试验结束后，机构各部分不得有破裂、永久变形、连接松动或损坏，电气部分应无异常发热现象等影响性能和安全质量问题的出现。

闸门轨道及其他预埋件应在混凝土浇筑前按设计要求固定好，保证预埋件准确无误，确保启闭机设备和闸门安装优良。

3）安装进度。机电设备与金属结构安装与各部位土建工程紧密结合，所有设备安装位置在混凝土施工时预留孔洞或按设计要求安装埋件，待混凝土达到设计强度后开始安装，机电设备全部安装完成后进行设备调试。在相关部位达到安装要求后，开始安装。监测、监控、消防等设备的安装，严格按有关专业的规程规范施工，一些需埋设或固定在永久建筑物上的设备或埋件与土建施工同步进行，并用人工或小功率的振捣器仔细将周围的混凝土捣实，以便进行及时检测，同时建筑物施工时应采取有效的措施防止观测设备破坏、破损、位移等。机电、金属结构安装每孔用时一般为 1～2 天。

（3）反滤料与止水工程。

反滤料与止水必须按照设计要求严格施工。反滤料在铺设前应按规格筛分洗净，分层铺设，不得混杂，更不得倒置，否则将导致排水失效，危及闸身安全，造成严重的工程事故。

5. 施工交通运输

（1）对外交通。

对外交通的任务有施工设备进场、建筑材料及生产生活物资运输等。朱曲节制闸距离尉氏县城约 25.5km，距离朱曲镇约 0.5km，朱曲镇附近与省道公路相接，可直达工程区。本次进场道路为水闸右岸道路。

（2）场内交通。

场内运输道路主要包括两个方面：一是加工区域至施工现场；二是临时交通便道。本次工程的加工区域布置在水闸下游右岸的开阔区域，距施工场地较近，而且地势高差不大；现有闸顶两岸道路不计入本次临时施工道路，加工区域两侧布置临时道路与下游围堰相连。

6. 施工工厂设施

（1）混凝土拌和系统。

该工程混凝土方量较大，混凝土及钢筋混凝土 2365.33m^3，主要控制混凝土施工进度的为混凝土拌和系统。混凝土拌和系统的生产能力应能满足工程施工高峰期所需，配备 0.4m^3 混凝土拌和机 4 台，5.29m^3/台时，日最大拌和能力约为 423.2m^3（按高峰期每天工作 20h）。混凝土拌和系统布置在水闸下游右岸的开阔区域，提供整个工程绝大部分成品混凝土，占地面积 200m^2。

考虑当地材料供应缺乏，距工地远，骨料应有相当的储备量，细骨料堆料场面积按 100m^2 计，粗骨料堆料场面积为 150m^2。考虑工程所用水泥总量不太大，不考虑建设散装水泥库。考虑建袋装水泥仓库一座，容量按 200t 计，则仓库需建筑面积 100m^2。

根据工程所处周围的地形情况，选定水闸下游右岸为混凝土拌和系统场地，其地势较为平坦，易于混凝土拌和系统和砂石料堆放场地布置，混凝土拌和系统及砂石料堆放场地面积共 550m^2。

（2）机械修配及综合加工系统。

1）机械修配站。机械修配站占地 120m^2，位于工地试验室和木材加工厂下游，紧挨现有道路，承担施工机械的维修、保养及小部件的修理加工任务，机械及车辆的大修任务可送开封市专业部门修理。该站设置锻工、铆焊、金工、机械检修及保养车间。设备为一般的中、小型机械和车床及起重运输设备等。

2）钢筋及钢模板加工车间。本工程钢筋用量 82.17t，钢筋及模板加工车间 200m^2，钢筋加工车间的任务是钢筋的除锈、清洁、调直、焊接及各种形式的加工。本车间的设备有钢筋矫正台、钢筋加工棚、钢筋仓库及其起重设备，以便钢筋加工后运往工地施工。钢筋加工机械设备按具体情况设置。

本工程混凝土浇筑主要采用钢模板，包括模板、连接件、支撑件三部分。支撑件采用圆钢管单管伸缩支撑。模板及连接件、支撑等按组装规范组装支撑。各部分需分部存放，库存量便于周转，保证连续施工。模板在工地现场组装，组装前应除锈并涂刷隔离脱模剂等。

3）木材加工车间。本工程木材加工车间面积 50m^2，紧挨办公生活区布置，木材加工的任务主要是承担补充木模板的加工及临建工程和其他木制品的加工任务，设备机械视具体情况设置，并应有起重运输工具及原材料和成品储存仓库。

4）混凝土构件预制厂及堆放场。混凝土构件预制厂及堆放场紧挨混凝土拌和系统及砂石料堆放场下游，面积 320m^2，是混凝土构件预制与预制完成构件的堆放储存场地，根据工程规模及施工现场情况，选择混凝土构件预制厂及堆放场。

5）工地试验室。工地试验室面积 30m^2，紧挨办公生活区布置，北临临时道路，承担建筑材料的质量检验及物理性能试验，砂、石骨料含水量测定，混凝土配合比设计实验，混凝土质量检验，试件取样及水质分析等工作。

（3）风、水、电、通信及照明。

1）供风系统。空气压缩系统的主要任务是向水泥输送供风，另外选用散装水泥仓库配备 4 台电动移动式空气压缩机，每台排气量 $9m^3/min$，排气压力 400kPa，该机型移动方便，可缩短管路。

2）供水系统。供水的任务是供给全工地的生活、生产及消防用水。主要用于工程施工、工程机械、辅助施工部门、生活及消防等。供水系统应满足不同水压、水量及质量的各种要求。

施工用水水源打井抽取地下水，采用 1 台 65－50－125C 型离心泵，配套电机 3kW，流量 $15m^3/h$，扬程 21m。生活用水采用管理所自备井。

3）供电系统。本工程场区附近朱曲村有高压线路经过，使用电网供电，并配备备用发电机组，以供施工用电、生活及照明用电。选用 100kVA 变压器一台，另配备 50kW 柴油发电机一台备用。

4）通信系统。施工通信选用无线通信，该区域通信网较完善，因而场内、场外均直接使用当地电信部门的通信网进行联络，或使用移动通信等通信方式联络。

7. 施工总布置

（1）施工总布置规划应遵从以下原则：

1）尽可能利用现有场地或工程永久管理范围占地作为施工期临时用地；需要占用耕地的，尽可能选择地面附着物较少的区域。

2）利用当地条件，尽量减少现场生产、生活设施。

3）区内以水闸为核心进行布置。

（2）施工场地规划。根据建筑物布置、地形条件，结合进场主要公路、施工主干线、工程施工情况和施工生产规模，对施工场地规划布置。按照以下原则进行分区：

1）混凝土拌和站自成体系，兼顾水闸。

2）金属结构安装场地靠近主要安装地点布置。

3）施工管理中心设在主体工程施工工厂和仓库区的适中地段。

4）主要施工物资仓库布置在场内外交通衔接处；生活福利设施布置在地势高、避风朝阳、噪声小的区域，生产、生活设施要有明显界限。

本工程施工基地布置在水闸下游的滩地上，临时设施项目包括混凝土拌和站、骨料堆放场、施工工厂、仓库、机械设备停放、金属结构堆放及装配场、风、水、电、通信及照明、临时堆料场及弃渣场、办公及生活区等。

根据工程需要，整个施工区的布置，本着有利于生产、方便生活、易于管理的原则，有选择地布置生活区、办公区、机械停放场、综合加工厂（包括钢筋及木材加工等）、仓库等。

施工平面布置图及施工基地布置图详见附件设计图册，施工占地面积按 12.6 亩计列。

（3）土方平衡。

朱曲节制闸除险加固初步设计工程土方主要是上、下游连接段土方及围堰填筑、导流明渠开挖工程量。导流明渠开挖土方用于建筑物回填、围堰填筑及施工完成后导流明渠首部封堵填筑，剩余土方临时堆放在导流明渠的两岸，施工结束后再填回原来的明渠。本次土方开挖 11679.11m^3，土方回填 8605.24m^3，挖填基本平衡。

8. 施工总进度

(1) 施工总进度安排原则及依据。

施工进度计划是施工组织设计的重要组成部分，是工期控制的有力工具，其目的是确保工程进度，保证工程均衡地、连续地、有节奏地施工，使劳动力、资金、材料和机械设备得到管理使用。

进度安排原则及依据为：遵循国家政策、法令和有关规程规范；严格执行基本建设程序，力求缩短工程建设周期；各项目施工程序前后兼顾、衔接合理、干扰少、施工均衡；采用平均先进指标；在保证工程质量与施工总工期的前提下，充分发挥投资效益。

根据水闸管理局对整个工程的安排，结合本工程合理工期需要，初步确定施工总工期为 8 个月，即 2017 年 10 月至 2018 年 5 月。

(2) 控制进度的主要因素。

主体工程开工前的必要准备工作尽快完成，才能保证主体工程高速度、高质量施工，如临时建房和施工工厂等；交通道路是控制施工进度的关键一环，对提高开挖和填筑进度影响较大；混凝土浇筑施工是控制施工总工期的决定性环节，力求处理好各施工阶段的衔接，做到工期短、施工均衡、资源需求较少。

(3) 施工分期。

施工建设包括工程准备期、主体工程施工期和工程完建期。相邻两个阶段工作也可交错进行。

1) 工程准备期。工程准备期在 10 月初，主要完成场内外主要交通道路建设、场地平整、施工单位生产生活用房建设、施工工厂建设等工作，建设完成生活区、生产施工区等处的电、水系统以及导流工程施工，为主体工程顺利进行施工创造条件。

2) 主体工程施工期。主体工程在施工期内完成开挖、回填、混凝土浇筑以及设备安装等施工项目。具体安排在第一年 11 月上旬至第二年 4 月底。

3) 工程完建期。工程完建期主要完成尾工、场地的清理及竣工验收工作等。

(4) 施工总进度。

本工程总工期为当年的 10 月至次年的 5 月，工期为 8 个月，充分利用河道枯水期进行主体工程的除险加固施工。

1) 工程准备期。第一年 10 月，完成各项施工临建设施，工程具备全面开工条件。

2) 主体工程施工期。主体工程实施时间为第一年 11 月至第二年 4 月，共 6 个月，其中 11 月 10 日前完成上下游围堰的填筑、基坑排水及基坑开挖等工作；11 月 10 日至 4 月 30 日，主要完成原建筑物的拆除工作，闸室、上下游翼墙、护坡、铺盖、护坦混凝土浇筑，护底、护坡的砌筑，门体及埋件安装，二期混凝土浇筑等工程。

3) 工程完建期。第二年 5 月，完成场地清理、工程验收工作。

施工总进度表见表 3-19。

表 3-19　　施工总进度计划表

作业名称	10月			11月			12月			1月			2月			3月			4月			5月		
	上旬	中旬	下旬	上旬	中旬	下旬	上旬	中旬	下旬	上旬	中旬	下旬	上旬	中旬	下旬	上旬	中旬	下旬	上旬	中旬	下旬	上旬	中旬	下旬
施工准备	—	—	—																					
导流明渠开挖	—	—																						
围堰填筑		—	—																					
初期排水			—	—																				
老闸拆除				—																				
基坑开挖				—	—																			
井点降水					—	—	—	—	—	—	—	—	—	—	—	—	—	—	—	—	—			
闸墩闸底板					—	—	—	—	—															
翼墙施工									—	—	—	—												
工作桥										—	—	—												
交通桥											—	—	—											
闸房工程													—	—	—	—								
启闭机安装																—	—							
闸门安装																	—	—						
上游铺盖														—	—	—								
下游护坦																—	—							
海漫																		—	—	—				
护坡																			—					
土方回填																				—				
围堰拆除																				—	—			
导流明渠回填																					—			
防汛道路及场地清理																						—	—	—

9. 主要技术供应

(1) 主要建筑材料，见表 3-20。

表 3-20　主要材料量汇总表

工程项目	水泥/t	钢筋/t	汽油/t	柴油/t	砂/m^3	石子/m^3	块石/m^3
朱曲闸	905.95	82.17	2.21	18.51	1502.36	2368.23	1534.03

(2) 主要施工机械设备。根据本工程需要，施工时所需主要及特殊机械和设备，按名称、规格、数量列出汇总表，见表 3-21。

表 3-21　施工机械设备一览表

序号	机械名称	规格	单位	数量
1	挖掘机	液压 1m^3	台	1
2	推土机	55～74kW	台	2
3	履带拖拉机	74kW	台	1
4	挖式打夯机	2.8kW	台	4
5	载重汽车	5t	辆	1
6	压路机	12～15t	台	1
7	混凝土搅拌机	0.4 m^3	台	4
8	机动翻斗车	1t	辆	6
9	机修设备		套	1
10	木工加工机械		套	2
11	钢筋加工机械		套	2
12	混凝土振动器	1.1kW	台	10
13	抽水泵	150WL145-10	台	2
14	离心泵	65-50-125C	台	1

附　录

平面布置图　1：1000

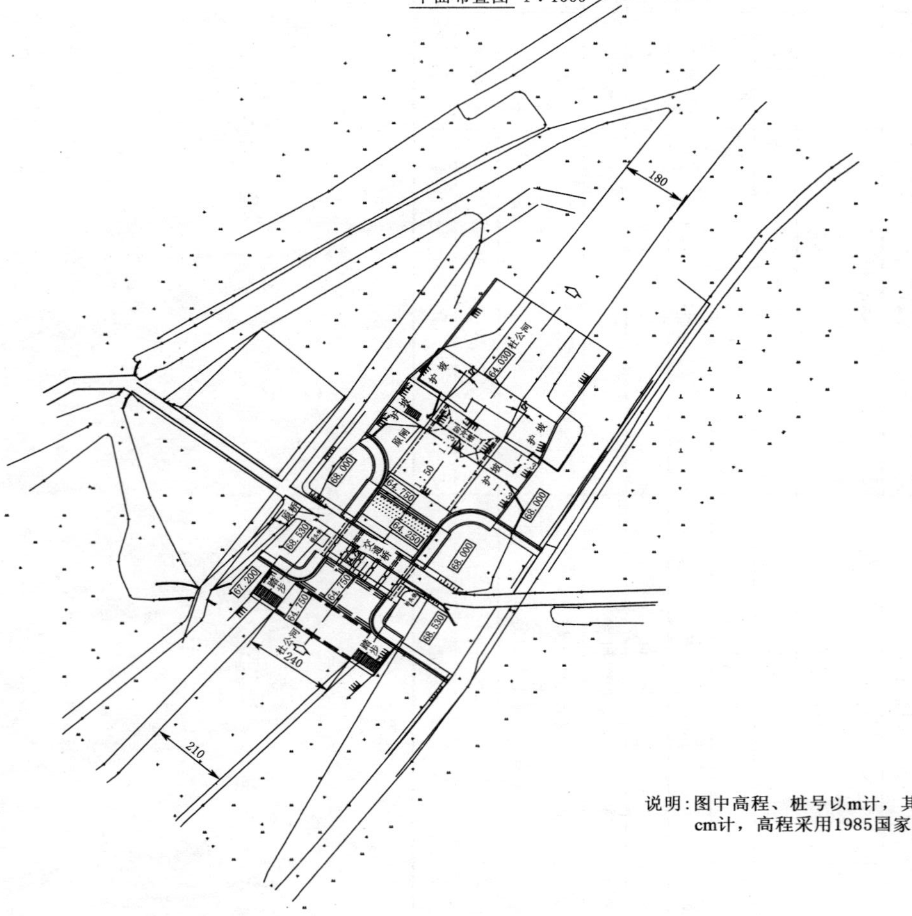

工程特性表			
部位	项目	单位	数量
河道	5年一遇治涝流量	m^3/s	50.84
	20年一遇防洪流量	m^3/s	84.26
	治涝水位（下游）	m	66.88
	河底高程	m	64.75
	边坡系数		3.0
	河道比降		1/2000
	上游河道底宽	m	24
	下游河道底宽	m	18
水闸	校核流量（20年）	m^3/s	84.26
	校核水位（下游）	m	67.76
	结构形式		开敞式
	底板高程	m	64.75
	墩顶高程	m	68.86
	上游连接段长度	m	20
	闸室段长度	m	12
	下游连接段长度	m	32
	闸门形式（$B\times H$）	m	钢闸门（3.0×2.5）
	启闭机台数	台/kN	5/2×63

说明：图中高程、桩号以m计，其余尺寸以cm计，高程采用1985国家高程基准。

核定			初步设计　设计
审查			水工　部分
校核			朱曲节制闸除险加固工程
设计			
制图			朱曲闸平面布置图
比例	如图		
设计证号		图号	ZQ-01

水闸平面图 1∶500

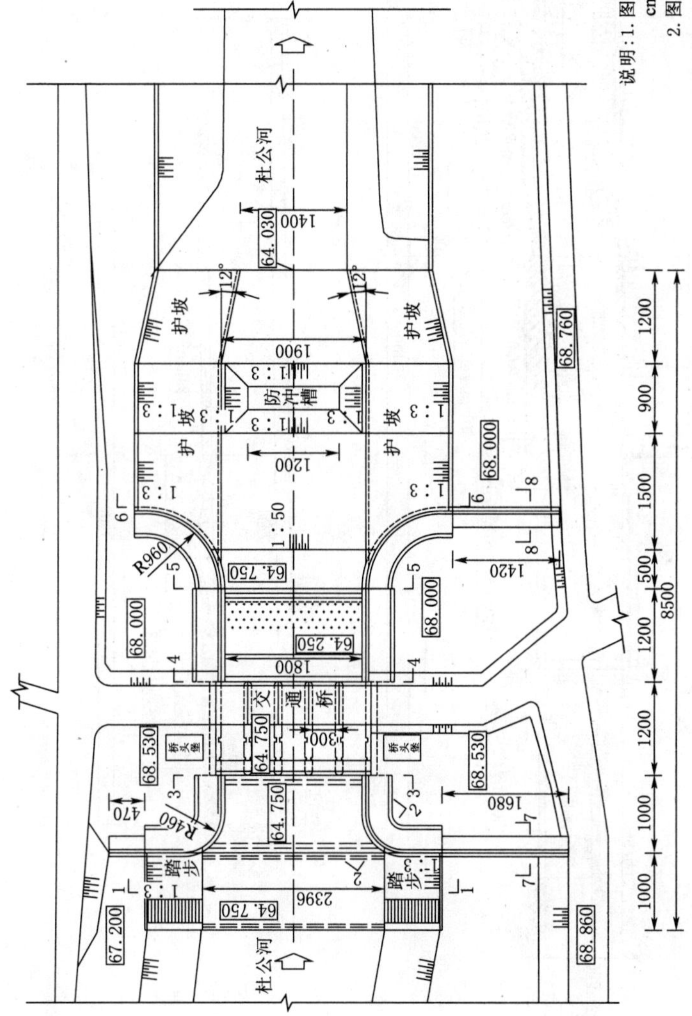

说明：1. 图中高程、桩号以m计，其余尺寸以cm计，高程采用1985国家高程基准。
2. 图中各断面见ZQ-04~ZQ-08。

核定		初步设计	设计
审查		水工	部分
校核		朱曲节制闸除险加固工程	
设计			
制图		朱曲闸平面图	
比例	如图		
设计证号		图号	ZQ-02

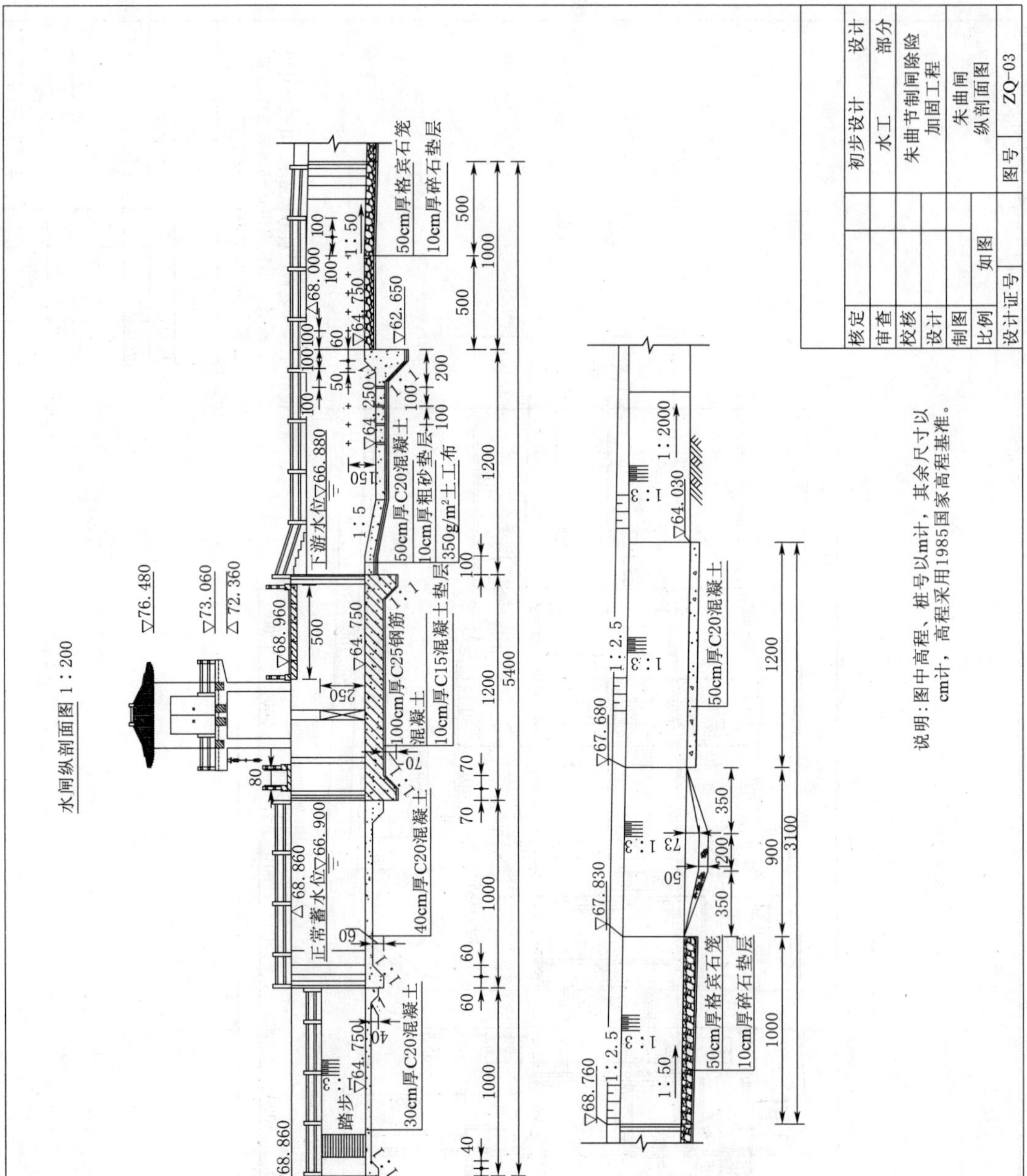
水闸纵剖面图 1：200
5年一遇治涝水位▽66.950
正常蓄水位▽66.900
下游水位▽66.880
▽76.480
▽73.060
▽72.360
▽68.960
▽68.860
▽67.200
▽64.750
▽64.250
▽62.650
▽68.000
▽67.680
▽67.830
▽68.760
▽64.030
100cm厚C25钢筋混凝土
10cm厚C15混凝土垫层
40cm厚C20混凝土
30cm厚C20混凝土
50cm厚C20混凝土
10cm厚粗砂垫层
350g/m²土工布
50cm厚格宾石笼
10cm厚碎石垫层
踏步
1：2.5
1：3
1：5
1：50
1：2000
5400
3100
说明：图中高程、桩号以m计，其余尺寸以cm计，高程采用1985国家高程基准。
核定
审查
校核
设计
制图
比例 如图
设计证号
初步设计 设计
水工 部分
朱曲节制闸除险加固工程
朱曲闸纵剖面图
图号 ZQ-03

水闸上游立视图 1∶200

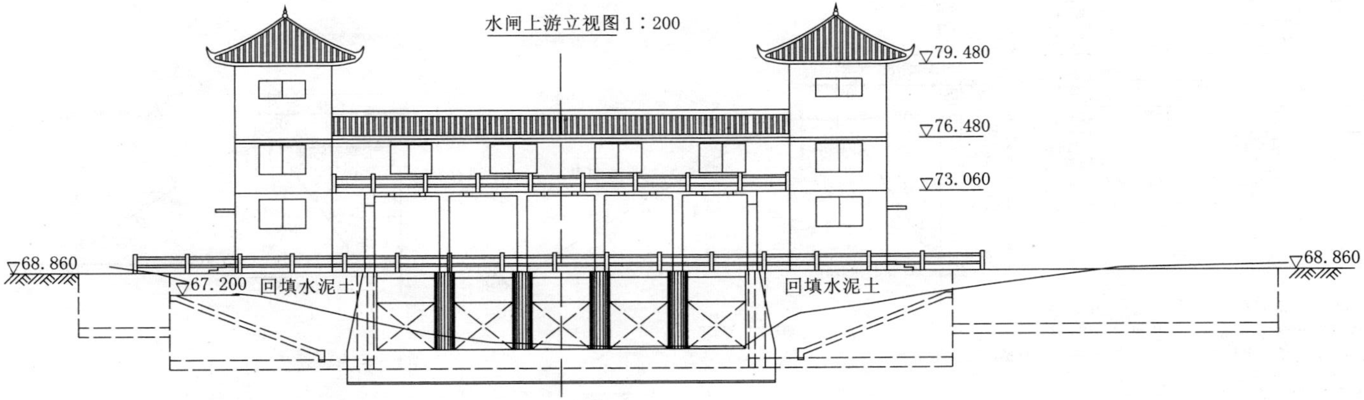

水闸下游立视图 1∶200

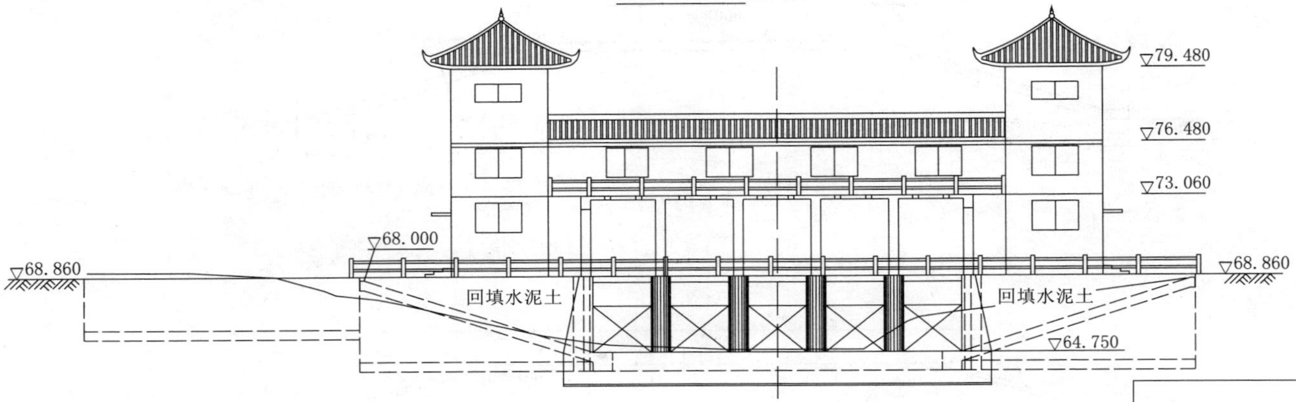

说明：图中高程、桩号以m计，其余尺寸以cm计，高程采用1985国家高程基准。

核定			初步设计	设计
审查			水工	部分
校核			朱曲节制闸除险加固工程	
设计				
制图			朱曲闸上下游立视图	
比例	如图			
设计证号			图号	ZQ-04

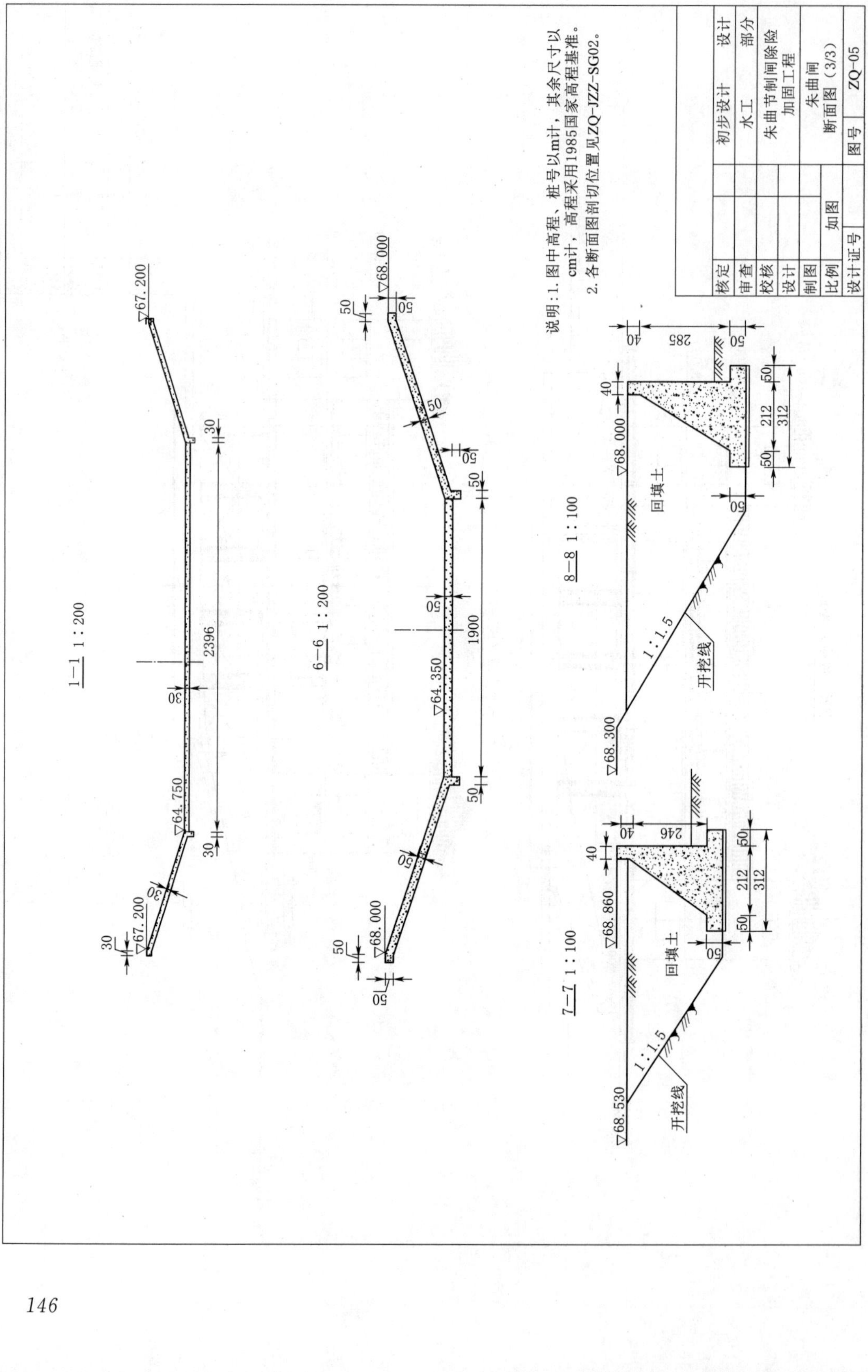
说明：1. 图中高程、桩号以m计，其余尺寸以cm计，高程采用1985国家高程基准。
2. 各断面图剖切位置见ZQ-JZZ-SG02。
核定
审查
校核
设计
制图
比例 如图
设计证号
初步设计 设计
水工 部分
朱曲节制闸除险加固工程
朱曲闸
断面图（3/3）
图号 ZQ-05
1—1 1：200
▽67.200
▽64.750
2396
6—6 1：200
▽68.000
▽64.350
1900
7—7 1：100
▽68.530
▽68.860
回填土
开挖线
1：1.5
246
212
312
8—8 1：100
▽68.300
▽68.000
285
回填土
开挖线
1：1.5

2—2 1∶100

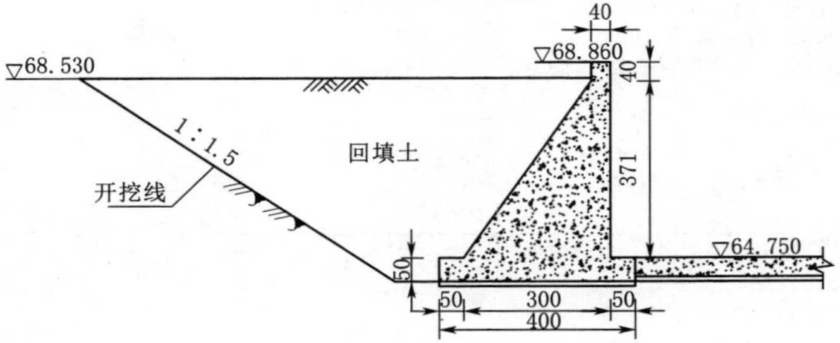

3—3 1∶100

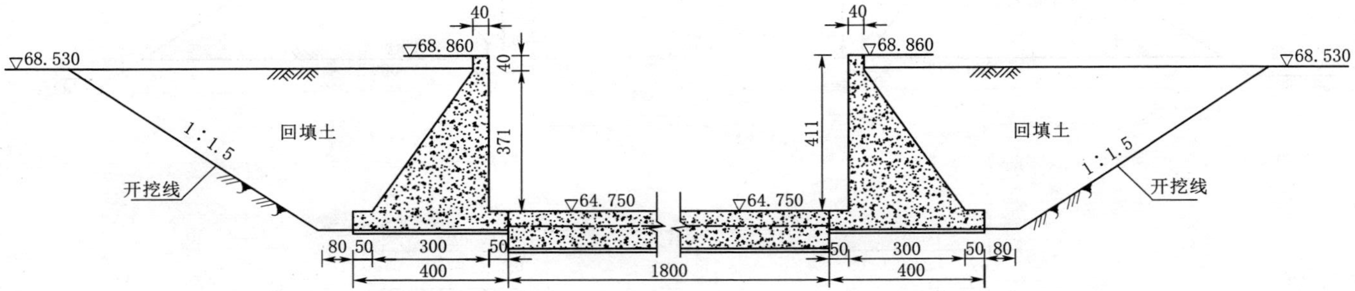

防冲槽横断面图 1∶100

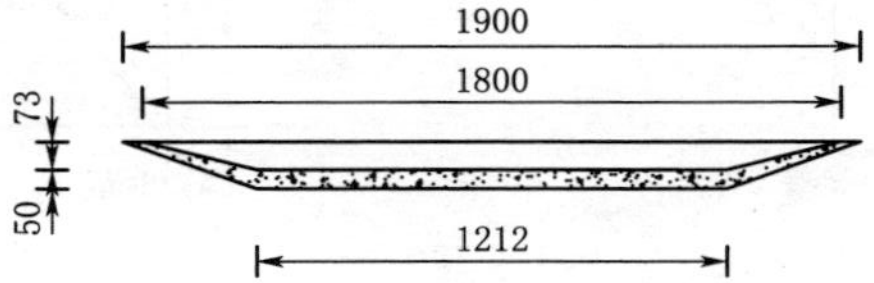

说明：1. 图中高程、桩号以m计，其余尺寸以cm计，高程采用1985国家高程基准。
2. 各断面图剖切位置见ZQ-JZZ-SG02。

核定			初步设计	设计
审查			水工	部分
校核			朱曲节制闸除险加固工程	
设计				
制图			朱曲闸断面图（1/3）	
比例	如图			
设计证号			图号	ZQ-06

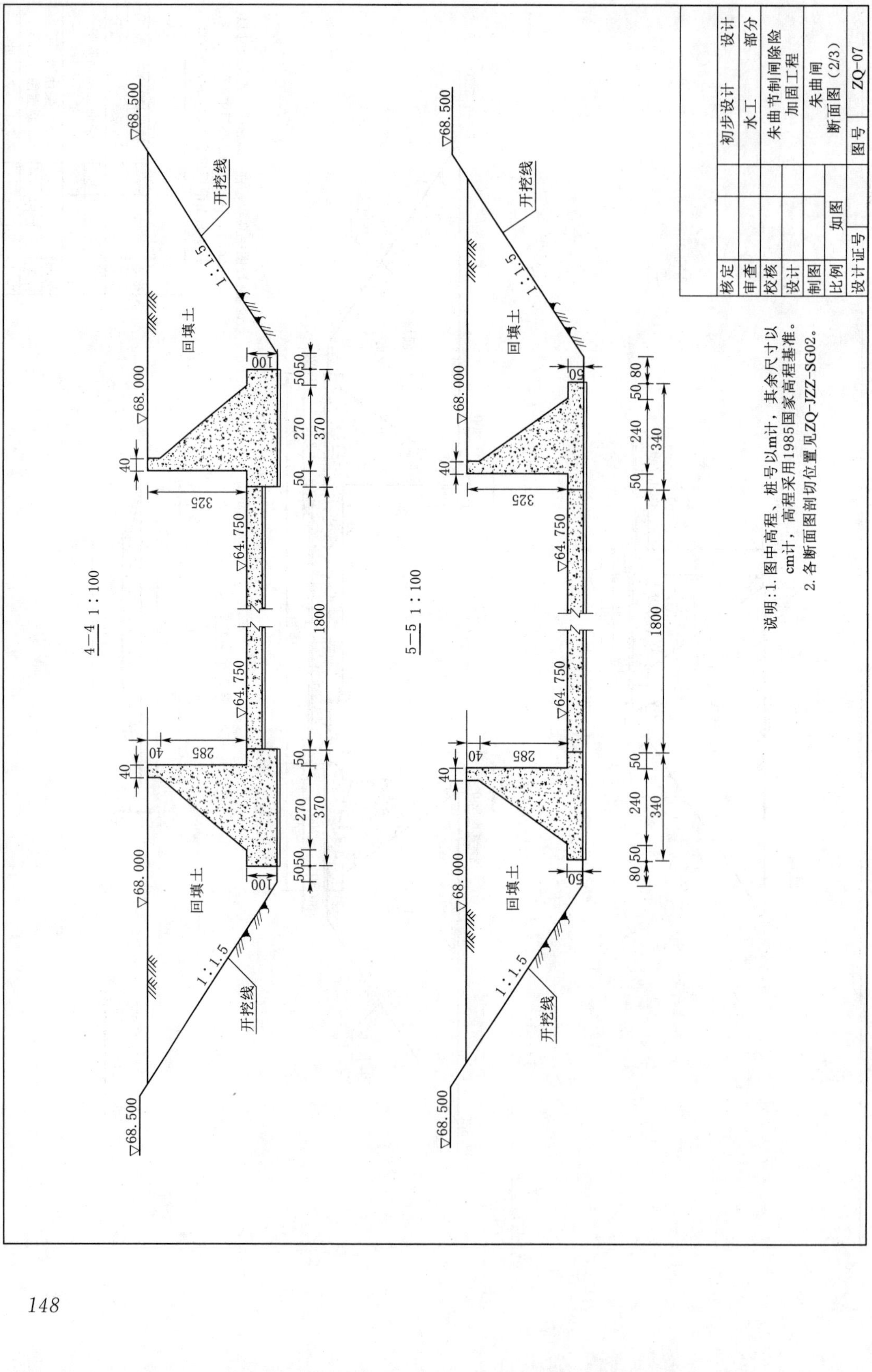
4—4 1：100
5—5 1：100
▽68.500
▽68.000
▽64.750
开挖线
1：1.5
回填土
100
5050
270
370
50
325
285
40
1800
240
340
80
说明：1. 图中高程、桩号以m计，其余尺寸以cm计，高程采用1985国家高程基准。
2. 各断面图剖切位置见ZQ-JZZ-SG02。
核定
审查
校核
设计
制图
比例 如图
设计证号
初步设计 设计
水工 部分
朱曲节制闸除险加固工程
朱曲闸断面图（2/3）
图号 ZQ-07

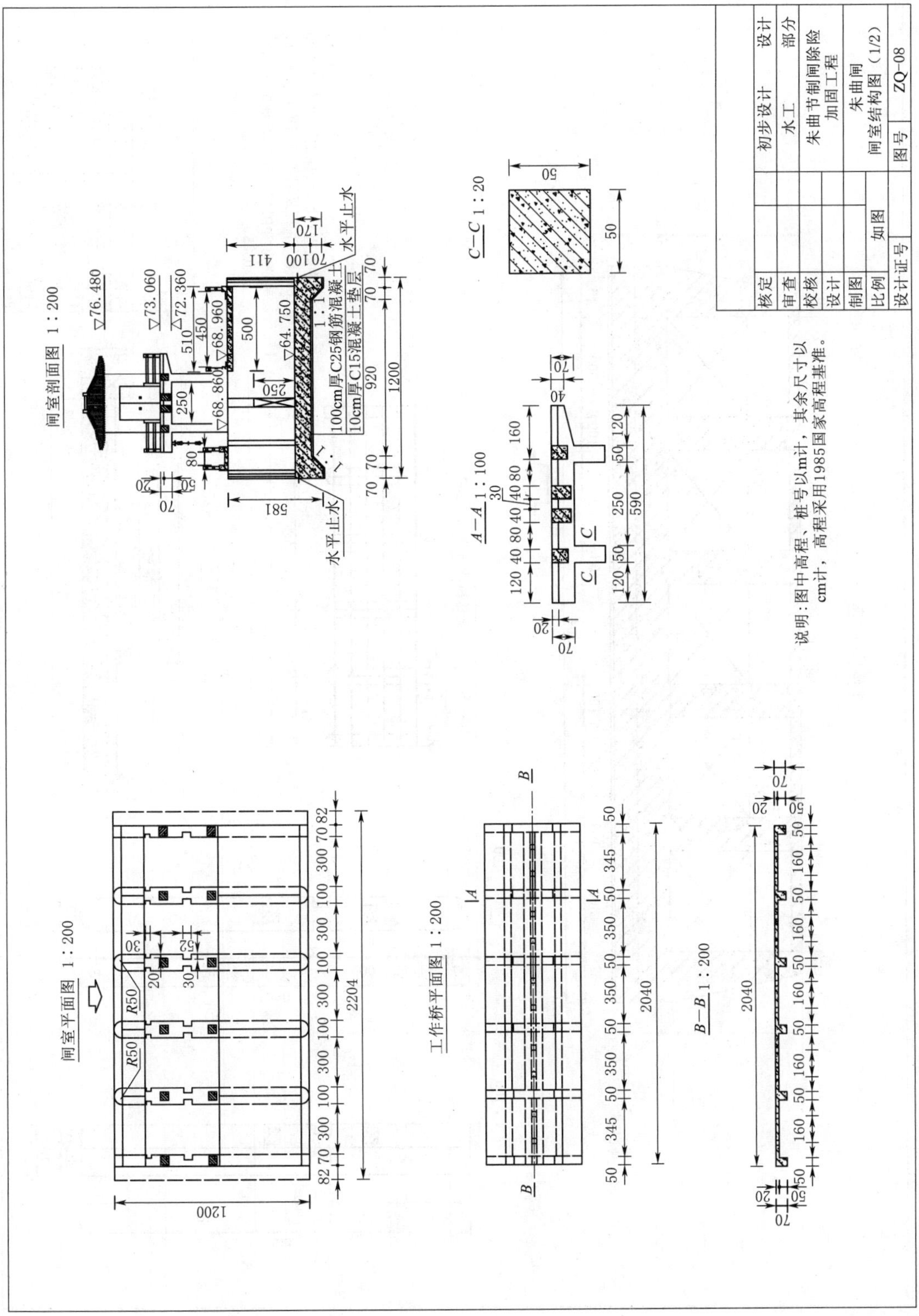

闸室剖面图 1：200
▽76.480
▽73.060
▽72.360
▽68.960
▽68.860
▽64.750
100cm厚C25钢筋混凝土
10cm厚C15混凝土垫层
水平止水
C—C 1：20
A—A 1：100
闸室平面图 1：200
工作桥平面图 1：200
B—B 1：200
说明：图中高程、桩号以m计，其余尺寸以cm计，高程采用1985国家高程基准。
核定
审查
校核
设计
制图
比例
如图
设计证号
初步设计 设计
水工 部分
朱曲节制闸除险加固工程
朱曲闸
闸室结构图（1/2）
图号
ZQ-08

水闸横剖面图 1：100

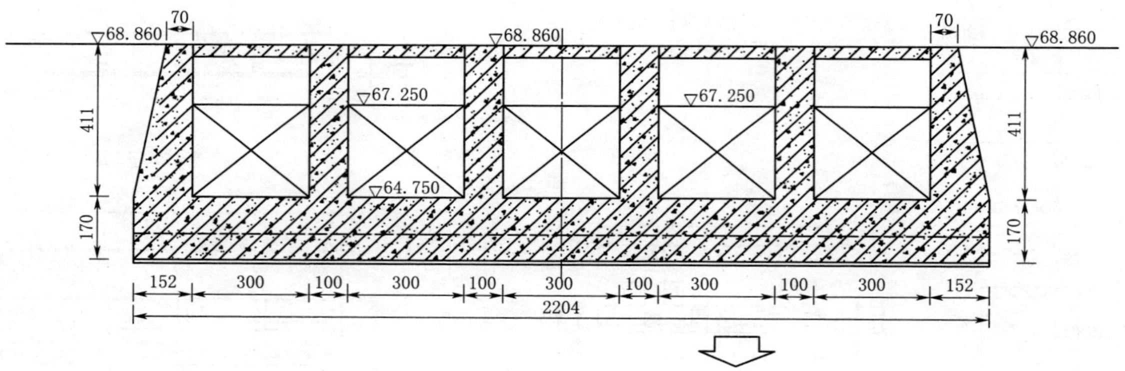

边墩 1：100

中墩 1：100

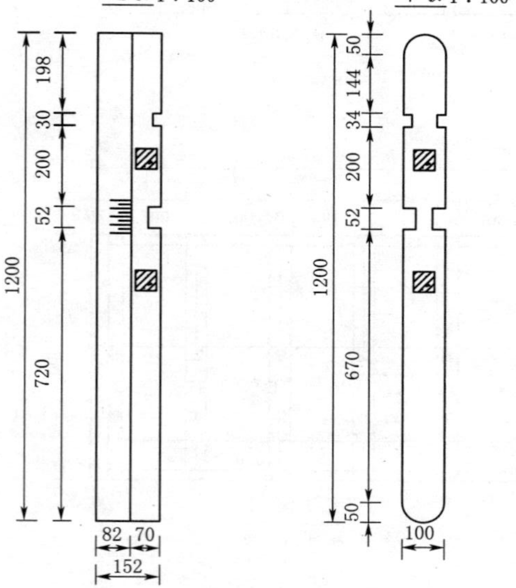

交通桥平面图 1：200

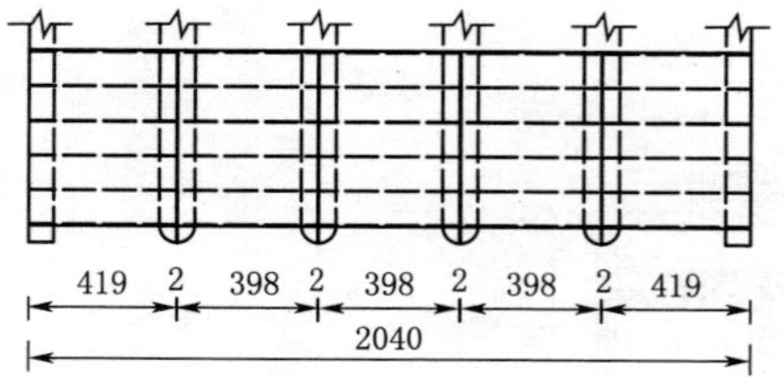

交通横断面图 1：40

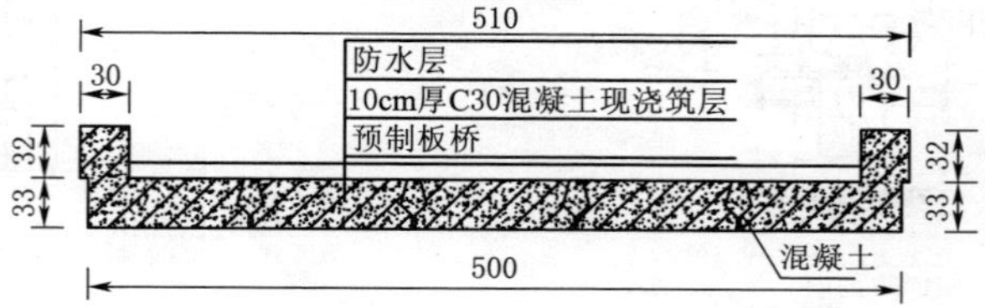

说明：1. 图中高程、桩号以m计，其余尺寸以cm计，高程采用1985国家高程基准。
2. 钢筋为HPB235、HRB335级钢筋，混凝土为C25。

核定			初步设计　　设计
审查			水工　　部分
校核			朱曲节制闸除险加固工程
设计			
制图			朱曲闸 闸室结构图（2/2）
比例	如图		
设计证号		图号	ZQ-09

导流明渠断面图 1∶200

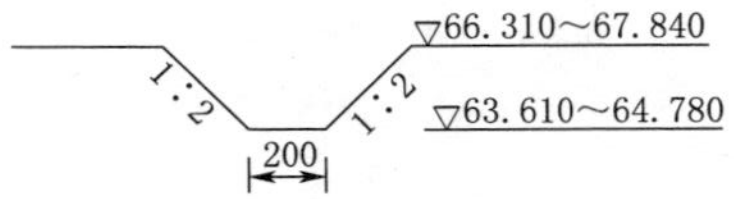

下游围堰横断面图 1∶200

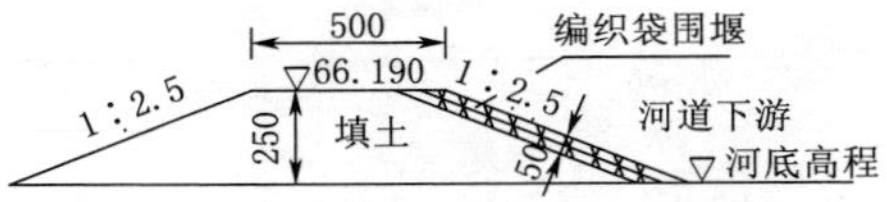

上游围堰横断面图 1∶200

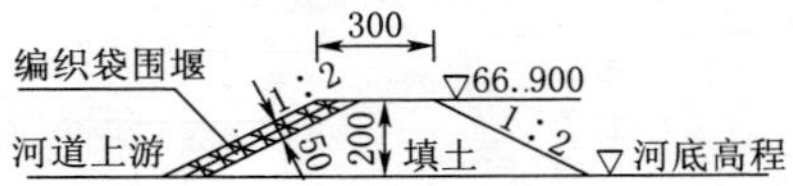

施工平面布置图 1∶1000

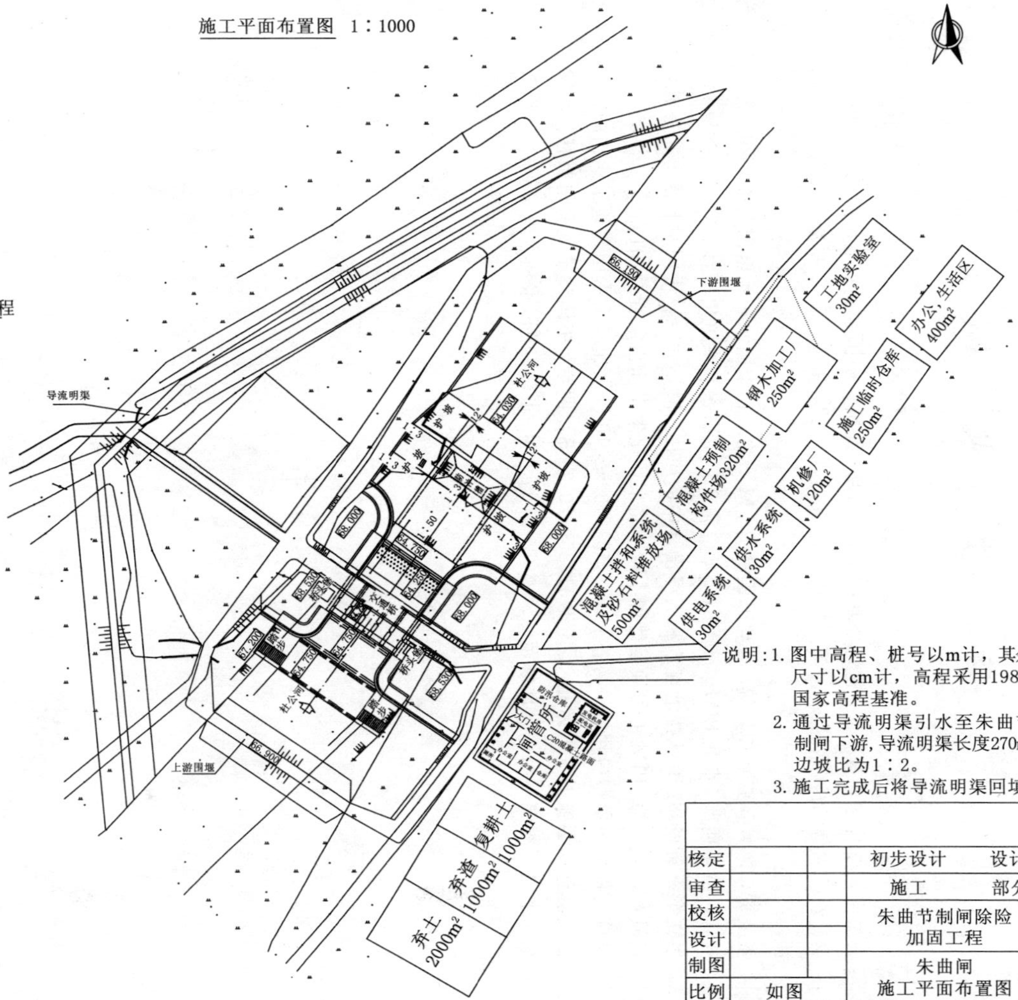

说明：1. 图中高程、桩号以m计，其余尺寸以cm计，高程采用1985国家高程基准。
2. 通过导流明渠引水至朱曲节制闸下游，导流明渠长度270m，边坡比为1∶2。
3. 施工完成后将导流明渠回填。

施工放样点坐标表

坐标点	X	Y	H
D01	43064.1717	48555.9659	68.4933
D02	43033.4167	48636.2676	67.7172
D03	42985.6033	48571.2442	67.8593

临时工程（已考虑阶段系数）

一	导流工程	单位	数量	备注
1	土围堰填筑	m^3	1431	
2	拆除围堰	m^3	1431	
3	导流渠土方开挖	m^3	6960	
4	导流渠土方回填	m^3	6960	
二	施工房屋建筑工程			
1	施工占地	亩	4	

核定			初步设计　设计
审查			施工　部分
校核			朱曲节制闸除险加固工程
设计			
制图			朱曲闸施工平面布置图
比例	如图		
设计证号		图号	ZQ-10

参 考 文 献

[1] 郭振宇，李梅华，等. 水工建筑物基础［M］. 2版. 北京：中国水利水电出版社，2019.

[2] 梁建林，高秀清，费成效，等. 水利工程施工组织与管理［M］. 3版. 郑州：黄河水利出版社，2021.

[3] 张圣敏，赵婷，张亚坤，等. 水利工程制图［M］. 北京：中国水利水电出版社，2020.

[4] 刘辉，欧阳明鉴. 水利BIM从0到1［M］. 北京：中国水利水电出版社，2018.

[5] 牛立军，黄俊超. BIM技术在水利工程设计中的应用［M］. 北京：中国水利水电出版社，2019.

[6] 张凤春，刘玉梅. BIM工程项目管理［M］. 北京：化学工业出版社，2019.

[7] 建筑工程信息模型应用统一标准：GB/T 51212—2016［S］. 北京：中国建筑工业出版社. 2017.

[8] 建筑信息模型施工应用标准：GB/T 51235—2017［S］. 北京：中国建筑工业出版社. 2018.

[9] 水利水电工程施工组织设计规范：SL 303—2017［S］. 北京：中国水利水电出版社. 2017.